FORSCHUNGSBERICHT DES LANDES NORDRHEIN-WESTFALEN

Nr. 2526/Fachgruppe Textilforschung

Herausgegeben im Auftrage des Ministerpräsidenten Heinz Kühn
vom Minister für Wissenschaft und Forschung Johannes Rau

Prof. Dr. rer. nat. Giselher Valk
Dipl. -Chem. Gerd Stein
Text. -Ing. (grad.) Sudhir Dugal

Textilforschungsanstalt Krefeld e. V.

Das Oligomerenproblem bei Polyesterfasern

Westdeutscher Verlag 1976

Gesamtherstellung: Westdeutscher Verlag

ISBN 978-3-531-02526-1 ISBN 978-3-663-06798-6 (eBook)
DOI 10.1007/978-3-663-06798-6

I N H A L T

Zusammenfassung 1

1. Einleitung 4

2. Stand der Forschung 7

2.1 Analytik 8

2.2 Oligomerenaustritt beim Färben 10

3. Problemstellung 14

4. Ergebnisse 15

4.1 Analytik 15

4.1.1 Dünnschichtchromatographie 16

4.1.2 Der Gesamtoligomerengehalt 17

4.1.3 Der Oberflächengehalt 17

4.1.4 Säulenchromatographie 19

4.1.5 Analytik von oligomerenhaltigen Ablagerungen 23

4.2 Das Verhalten der Polyesteroligomere unter Färbebedingungen 24

4.2.1 Die Zeitabhängigkeit des Oligomerenaustritts 25

4.2.2 Die Abhängigkeit des Oberflächengehaltes von der Färbetemperatur und den zugesetzten Hilfsmitteln 26

4.2.3 Das cyclische Trimere als Dispersionsfarbstoff 28

4.2.4 Löslichkeit des cyclischen Trimeren in Wasser 32

4.2.5 Die Entstehung des Oberflächengehaltes an cyclischem Trimeren beim Färben 33

4.2.6 Der Einfluß von Dispergiermitteln und des Heißablassens der Flotte auf den Oberflächengehalt 34

4.2.7 Variation der Flottengeschwindigkeit und reduktive Nachreinigung 37

5. Diskussion 42

5.1 Analytik 42

5.2 Das Verhalten der Polyesteroligomere unter Färbebedingungen 43

6. Experimenteller Teil 46
6.1 Eingesetzte Materialien 46
6.1.1 Polyester 46
6.1.2 Oligomere 46
6.2 UV-spektroskopische Untersuchungen 46
6.3 Dünnschichtchromatographie 47
6.4 Bestimmung des Gesamtgehalts 47
6.4.1 UV-spektroskopisch 47
6.4.2 Bestimmung durch Säulenchromatographie unter Druck 47
6.5 Bestimmung des Oberflächengehalts 48
6.5.1 UV-spektroskopisch 48
6.5.2 Säulenchromatographische Bestimmung unter Druck 48
6.6 Säulenchromatographie unter Druck (HPLC) 48
6.7 Analytik der Faserabriebe 49
6.7.1 Gravimetrische Bestimmung 49
6.7.2 Bestimmung durch HPLC 49
6.8 Färbeapparate 49
6.9 Färbebedingungen 50
6.9.1 Färbungen auf dem Ahiba- bzw. Linitest-Färbegerät 50
6.9.2 Färbungen auf dem Praxitest- bzw. HT-Laborfärbeapparat 50
6.9.3 Nachbehandlung 51
6.9.4 Einstellung der Flottengeschwindigkeit auf dem Praxitest 100-Färbegerät 51
6.10 Reduktive Nachreinigung 51
6.11 Bestimmung der Löslichkeit von cyclischem Trimeren in Wasser über 100 °C 51

7. Literatur 53

8. Liste der Bildunterschriften und Abbildungen 57

Abkürzungen:

PES	=	Polyester (Polyäthylenterephthalat)
FV	=	Flottenverhältnis
SC	=	Säulenchromatographie
DC	=	Dünnschichtchromatographie
GC	=	Gaschromatographie
HPLC	=	Säulenchromatographie unter Druck

Anmerkung:

Bei der Wiedergabe von Gebrauchsnamen, Handelsnamen, Warenbezeichnungen und dergleichen handelt es sich häufig um gesetzlich geschützte eingetragene Warenzeichen, auch wenn sie nicht als solche gekennzeichnet sind.

Zusammenfassung

1. Bei der Bestimmung von Oligomeren unterscheidet man zwischen Gesamt- und Oberflächengehalt. Der Oberflächengehalt ist dabei von besonderem praktischem Interesse, da nur er zu Prozeßstörungen führt.

2. Die Analysenverfahren erfassen entweder summarisch alle Oligomere oder selektiv das cyclische Trimere. Im ersten Fall kann die durch Zugänglichkeit in der Faser und unterschiedliche Löslichkeit bedingte Zusammensetzung sowie die Anwesenheit von Begleitstoffen zu falschen Werten führen. Im zweiten Fall erfolgt die Bestimmung des cyclischen Trimeren fast immer störungsfrei. Da nahezu nur dieses Oligomere zu Problemen führt, ist seine Bestimmung auch praktisch sinnvoll.

3. Die Bestimmung des Gesamtoligomerengehalts durch Extraktion ist wenig aussagefähig mit Rücksicht auf praktische Probleme. Die Kaltextraktion mit Dioxan ist die bisher beste Methode zur Bestimmung des Oberflächengehalts an Oligomeren. Zur Bestimmung des cyclischen Trimeren ist die Kombination mit einem anderen Trennverfahren, z.B. der Flüssigchromatographie unter Druck, sinnvoll.

4. Die Dünnschichtchromatographie ist gut zur qualitativen Analyse geeignet. Sie gibt einen Überblick über die Zusammensetzung von Oligomerengemischen. Sie läßt sich aber auch zur quantitativen Analyse heranziehen.

5. Die Säulenchromatographie unter Druck (HPLC) ist die schnellste Analysenmethode zur selektiven Bestimmung des cyclischen Trimeren. Sie weist eine gute Reproduzierbarkeit auf und erlaubt im Gegensatz zu allen anderen Methoden die Bestimmung des Gesamtgehalts an cyclischem Trimeren in einem Arbeitsgang.

6. Bei Polyester-Handelsfasern ergibt die Extraktion mit Dioxan 1,3 - 1,6 Gew.% Oligomere. Die Säulenchromatographie unter Druck (HPLC) ergibt einen Gesamtgehalt von 1,0 - 1,1 % an cyclischem Trimeren, das also ca. 60 % der extrahierbaren Oligomere ausmacht. Der Oberflächengehalt an cyclischem Trimeren liegt in allen Fällen unter 0,05 %. Nach eigenen Erfahrungen stört aber erst ein Oberflächengehalt von mehr als 0,1 %. Dieser wird durch Fixieren und Texturieren nicht, bei hydrothermischen Behandlungen wie Setten und Färben jedoch erreicht.

7. Der Oligomerenaustritt wird durch lange Färbezeiten, eine Erhöhung der Färbetemperatur und vor allem durch Zusatz von Carriern begünstigt. Alle Faktoren, die zur Beschleunigung des Färbens führen, bewirken demnach auch einen erhöhten Oligomerenaustritt. Der Zusatz von Dispergiermitteln und das Heißablassen der Flotte beeinflussen dabei die Ausbildung eines Oberflächengehalts nicht.

8. Das farbstoffanaloge Verhalten des cyclischen Trimeren wurde experimentell bewiesen. So lassen sich extrahierte Fasern mit cyclischem Trimeren "färben". Es ließ sich zeigen, daß sowohl der Oligomerenaustritt als auch das "Auffärben" von cyclischem Trimeren zu einem Gleichgewichtszustand führen.

9. Die Löslichkeit des cyclischen Trimeren beträgt bei 110 - 150 °C 1 - 5 mg/l. Sie entspricht damit derjenigen schwer löslicher Dispersionsfarbstoffe.

10. Der Austritt von cyclischem Trimeren ist bei hydrothermischen Behandlungen als ein umgekehrter Färbevorgang aufzufassen. Die Triebkraft dieses Vorgangs ist die Differenz zwischen der durch das Schmelzgleichgewicht bedingten hohen Konzentration an cyclischem Trimeren in der Faser und derjenigen, die dem "Färbegleichgewicht" entspricht.

11. An der Faseroberfläche fest haftendes cyclisches Trimeres bildet sich nur während des Oligomerenaustritts. Eine Redeponierung auf der Faser findet nicht statt. So ergibt sich auf extrahierten Fasern nach "Färben" mit cyclischem Trimeren nie ein Oberflächengehalt und bei oligomerenhaltigen Fasern wird die Ausbildung eines Oberflächengehalts durch zugesetztes cyclisches Trimeres bei hydrothermischen Behandlungen nicht beeinflußt.

12. Bei sehr niedrigen Flottengeschwindigkeiten ist der Oligomerenaustritt gering. Bei den untersuchten höheren Flottengeschwindigkeiten nimmt der Oligomerenaustritt zu. Es scheint, als ob sich von einer bestimmten Flottengeschwindigkeit an der Oligomerenaustritt nur unwesentlich ändert.

13. Man kann sich nach den Versuchsergebnissen die Ausbildung eines Oberflächengehaltes an cyclischem Trimeren folgendermaßen vorstellen: Das in der Faser gelöste (evtl. mikrokristallin vorliegende) cyclische Trimere diffundiert aus der Faser heraus und bildet im Grenzbereich Substrat/Flotte eine übersättigte Lösung. Das cyclische Trimere kristallisiert sofort aus, der Oberflächengehalt steigt. Durch Erhöhung der Flottenumwälzung wird die Dicke der Grenzschicht Substrat/Flotte auf einen Grenzwert reduziert, es erfolgt ein teilweiser Abtransport des cyclischen Trimeren durch die Flotte.

14. Bei Gewebewickeln und Garnspulen kann ein Teil des in der Flotte befindlichen cyclischen Trimeren auf der Ware abfiltriert werden. Diese abfiltrierten Oligomere werden durch Spülen mit Wasser nicht vollständig entfernt. Sie lassen sich aber außerhalb des Färbeapparates durch ein Kaltspülen mit Methanol oder eine reduktive Nachreinigung leicht entfernen. Eine Nachreinigung unter Zusatz von Dispergiermitteln kann darüber hinaus noch einen geringen Teil der direkt auskristallisierten Oligomere entfernen.

1. Einleitung

Bei der Erzeugung faserbildender Polymere entstehen in den Reaktionsansätzen neben dem gewünschten Produkt auch niedermolekulare Bestandteile mit gleicher chemischer Zusammensetzung der Grundbausteine. Sie unterscheiden sich lediglich in der Kettenlänge bzw. Molekülgröße und ihren physikalischen Eigenschaften. Diese als "Oligomere" [1-3] bezeichneten Verbindungen haben als Modelle zur Untersuchung von Polymereigenschaften gedient [1,3], sie spielen aber auch in manchen Stufen der Faserverarbeitung eine Rolle. So enthält z.B. technisches Nylon 6 nach der Polykondensation bis zu 12 % mit Wasser bzw. organischen Lösungsmitteln extrahierbare niedermolekulare Anteile, die im wesentlichen aus nicht umgesetztem Lactam und cyclischen Oligomeren bestehen. Da diese Substanzen den Schmelzspinnprozeß stören, werden sie vor der Umwandlung des Polymeren in Fasern durch eine Druckwäsche entfernt. Technisches Polyäthylenglykolterephthalat enthält ca. 2,3 - 3 % lineare und cyclische Oligomere [4,5]. Diese werden vor dem Verspinnen nicht entfernt, da sie einerseits den Spinnprozeß nicht stören, andererseits lediglich mit organischen Lösungsmitteln extrahierbar sind. Dieser Prozeß ist zur Zeit noch nicht wirtschaftlich durchführbar. Die Oligoester führen jedoch gelegentlich bei bestimmten späteren Faserverarbeitungsprozessen zu Störungen. Mit der Untersuchung der hierbei auftretenden Phänomene soll sich die vorliegende Arbeit beschäftigen.

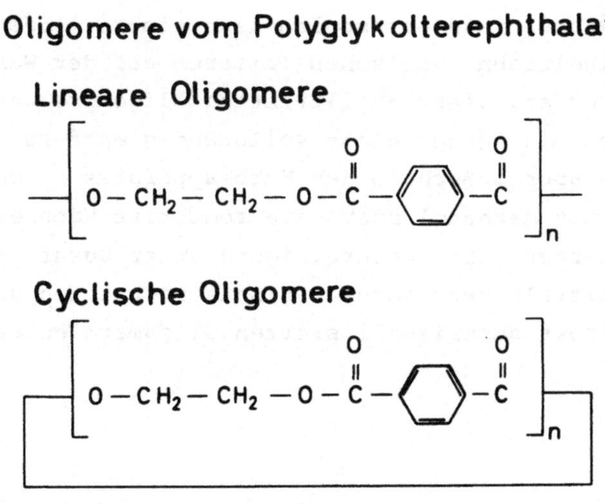

Im Jahre 1954 isolierten ROSS et al. [6] aus Trichloräthylen-extrakten von Polyglykolterephthalat-Filmen eine bei etwa 325 °C schmelzende kristalline Substanz. Aufgrund ihrer Eigenschaften schrieben sie ihr die Formel eines cyclischen Trimeren zu (s. Formelschema, n = 3). Diese Struktur wurde später von GOODMAN und NESBITT [7] bestätigt. Die Autoren konnten weiterhin zeigen, daß in der Schmelze ein Gleichgewicht zwischen dem Polymeren und cyclischen Oligomeren besteht. In der Folge ist dann von verschiedenen Autoren einerseits über den Bildungsmechanismus [8-10] und andererseits über die Synthese [11-13] der in Polyesterfasern enthaltenen Oligomere berichtet worden. Danach besteht der größte Teil der insgesamt 2,3 - 3 % Oligomere bei Fasern [4,5] aus dem cyclischen Trimeren, und zwar ca. 1,1 % vom Fasergewicht [14]. Der Rest entfällt auf die anderen cyclischen und linearen Oligomere [2,8].

Über Störungen durch Oligomere bei der Verarbeitung von Polyesterfasern in der Lohnfärberei berichtete erstmals ZAHN [15] im Jahre 1963. Seitdem wurden die Störungen durch Oligomere in der Literatur wiederholt beschrieben [16-32]. Bei allen Autoren besteht Übereinstimmung darin, daß bei thermischen und hydrothermischen Prozessen die Oligomere aus der Faser herauswandern. Infolgedessen kommt es zu einer Abscheidung von Oligomeren in den Färbeapparaten und auf den Fasern selbst. Beides kann zu Betriebsstörungen führen. Die in der Literatur empfohlenen Gegenmaßnahmen erreichen bestenfalls eine Verbesserung, ein wirksames Gegenmittel, welches alle Oligomerenprobleme befriedigend beseitigt, gibt es bisher nicht.

Die zunehmende Bedeutung der Polyesterfasern in der Textilindustrie und die Entwicklung neuer Färbetechnologien mit höheren Betriebstemperaturen und stärkerer Flottenumwälzung haben dazu geführt, daß den durch Oligomere verursachten Problemen nach wie vor starke Aufmerksamkeit gewidmet wird [22]. Dabei ist es erstaunlich, daß sich in der Literatur nur wenig Arbeiten mit dem Mechanismus des Austritts der Oligomere, ihrer Abscheidung auf der Faser und der Wirksamkeit vorgeschlagener Gegenmaßnahmen befassen. Dabei dürften nur auf dieser Grundlage Fortschritte zur Lösung des Oligomerenproblems möglich sein, da die oligomerenfreie Faser bis auf weiteres nicht wirtschaftlich sein wird.

2. Stand der Forschung

Forschung über Oligomerenprobleme muß sich an den in der Praxis vorkommenden Störungen des Betriebsablaufes orientieren. Diese Forderung scheint zunächst sehr einfach zu erfüllen zu sein, da die einzelnen Störfaktoren genau bekannt sind [15-32]:

1. Abscheidung von Oligomeren im Färbeapparat (Pumpen, Filter u.a.)
2. Abscheidung von Oligomeren auf der Ware (Stauben, Veränderung des Warenbildes)
3. Erhöhter Faserabrieb (Zusetzen von Fadenleitorganen)
4. Verstärkter Verschleiß von Nadeln in der Wirkerei
5. Unterschiedliche Fadenspannungen in der Weberei u.a.

Für jeden Punkt dieser Tabelle gibt es aber auch andere mögliche Ursachen. So dürften die in der Literatur beschriebenen Analysendaten von 90 - 95 % Oligomeren in Abrieben und Flottenabscheidungen [19,22] extreme Werte sein, wie auch einige niedrigere Angaben andeuten [14,33]. In nahezu allen Fällen ist es überwiegend das cyclische Trimere, das die Störungen verursacht. Zwischen "festgewachsenen" und abfiltrierten Oligomeren wird in der Literatur nicht unterschieden, so daß Aussagen über die Haftfestigkeit der Oligomeren fehlen. Aus diesem Grund sind Angaben über die Menge des Abriebs [31], über unterschiedliche Kristallgrößen [20,32] und Reibungskoeffizienten [34-36] schwer zu beurteilen. Ähnlich steht es mit der Effektivität der in der Literatur empfohlenen Gegenmaßnahmen wie Flottenablaß, Hilfsmittelzusatz und Nachreinigung.

2.1 Analytik

Man unterscheidet in der Analytik nach VALK, LOERS und KÜPPERS [19] zwischen Oberflächengehalt und Gesamtgehalt an Oligomeren. Wie andere Autoren bestätigten [5,37], erfaßt der durch eine Kaltextraktion mit Dioxan bestimmte Oberflächengehalt nur die an der Oberfläche befindlichen Oligomeren und damit den Anteil, der Störungen im Betriebsablauf bedingt. Die Bestimmung des Oberflächengehaltes nach REINERT und Mitarb. mit Perchloräthylen [38] dürfte dagegen auch Oligomere in besonders leicht zugänglichen Faserbereichen erfassen [39]. Der Gesamtgehalt umfaßt alle auf oder in der Faser befindlichen Oligomere. Dieser ist für alle Handelsfasern nahezu gleich [4,5,14]. Wenn die Angaben über den Gehalt trotzdem in der Literatur zwischen 1,4 [16] und 3,7 [22] Gew.% schwanken, so liegt das an den unterschiedlichen Analysenmethoden.

Das bisher am häufigsten angewandte Verfahren zur Bestimmung der Oligomeren besteht in der Extraktion mit nachfolgender gravimetrischer oder UV-spektroskopischer Auswertung [6-8,19]. Lösungsmittel ist meist Dioxan, aber auch Chloroform, Trichloräthylen u.a. sind beschrieben worden. Man erhält nach dieser Methode ein Gemisch von Oligomeren [7,8], dessen Zusammensetzung von der Art des Lösungsmittels [9,38], von der Dauer der Extraktion [8,19,40] und der Zugänglichkeit der Fasern [5,6,37,41,42] beeinflußt wird. Das Extraktionsverfahren ist also mit einigen Unzulänglichkeiten behaftet, trotzdem bietet es bei Vergleichsbestimmungen durchaus brauchbare Ergebnisse.

Die benutzten Auswerteverfahren können zu weiteren Fehlern führen, so z.B. das Abtrennen und Auswiegen der Oligomere im Mikromaßstab. Die spektroskopische Auswertung kann durch Zersetzung des Lösungsmittels bei der Extraktion und durch Fremdsubstanzen gestört werden. Die Nachteile der Extraktion werden durch Methoden [4,5] vermieden, bei denen zunächst die Faser gelöst und dann das Polymere selektiv gefällt wird.

Die quantitative Trennung vom Polymeren sowie von Farbstoffen und Textilhilfsmitteln bereitet jedoch Schwierigkeiten. Eine Trennung der Oligomere von anderen Faserbegleitstoffen und damit eine Aufarbeitung der Oligomerenextrakte ist durch Dünnschichtchromatographie (DC) [6,19,32,41-45], Säulenchromatographie (SC) [2,6,14,44] und Gaschromatographie (GC) [46,47] möglich. In der Oligomerenanalytik bestimmt man dann nicht die Summe der verschiedenen Oligomere, sondern nur die Menge an cyclischem Trimeren [14,42].

Die Säulenchromatographie wurde zunächst präparativ eingesetzt [2,6,44]. In der Form der Säulenchromatographie unter Druck (HPLC) ist sie die schnellste Analysenmethode [14]. Auf sie wird unter 4.1.4 ausführlich eingegangen. Die Dünnschichtchromatographie setzten wir vor allem zur qualitativen Analyse ein [19] (s. 4.1.1). Sie ist aber auch zur quantitativen Bestimmung geeignet. Frühere Arbeiten hatten dies durch abermalige Isolierung der Oligomere bzw. des cyclischen Trimeren von der DC-Platte und anschließende UV-spektroskopische Bestimmung [32,45] oder Auswaage des Bleiterephthalats nach Hydrolyse der Oligomere [44] erreicht. KUSCH und BÖHM [42] verwendeten ein Chromatogrammspektralphotometer. In einem begrenzten Konzentrationsbereich genügt für orientierende Praxisanalysen sogar ein visueller Vergleich mit einer Eichplatte [41]. Die Gaschromatographie schließlich erlaubt nur die direkte Bestimmung des cyclischen Trimeren [46,47]. Andere Oligomere müssen erst in eine analysierbare Form überführt werden [46] oder sie lassen sich bisher überhaupt nicht bestimmen.

Die Sublimation des cyclischen Trimeren [49,50] schließlich nutzt KUNZE [48] zur qualitativen Analyse, indem er die zu untersuchende Probe in einer Mikrokammer unter dem Heiztischmikroskop erhitzt und den Schmelzpunkt der entstehenden Kristalle (314 ^{o}C) bestimmt.

Auf eine Unklarheit in der Literatur sei noch hingewiesen. Die hier kurz skizzierten Analysenmethoden erfassen entweder die verschiedenen Polyester-Oligomere gleichzeitig (Spektroskopie, Gravimetrie) oder nur das cyclische Trimere (DC,GC,

HPLC). Beides kann je nach Fragestellung sinnvoll sein. Die meisten Arbeiten befassen sich mit Störungen im Betriebsablauf, die überwiegend das cyclische Trimere verursacht. Infolgedessen werden beide Begriffe - Oligomere und cyclisches Trimeres - oft ohne notwendige Differenzierung benutzt, obwohl dies manchmal zu falschen Aussagen führt.

2.2 Oligomerenaustritt beim Färben

Die Anwesenheit von Oligomeren in Polyesterfasern ist herstellungsbedingt, unter Praxisbedingungen erfolgt keine Nachbildung [19,22]. Bei thermischen und hydrothermischen Behandlungen kommt es zum Herauswandern von Oligomeren aus der Faser und zu einem erhöhten Oberflächengehalt. Beim Fixieren und Texturieren bleibt letzterer unter 0,05 % vom Fasergewicht [14,37,42], erst in Gegenwart von Wasser, z.B. beim Setten [14,16] oder Färben [19,37,42,49], werden höhere Werte erhalten. Wie KUSCH und BÖHM zeigen konnten, hängt in diesen Fällen die Wanderungsfähigkeit der Oligomere von der thermomechanischen Vorbehandlung ab [37,42]. Nach REINERT und Mitarb. [38] kann der Oligomerenaustritt infolge einer Lösungsmittelvorbehandlung zunehmen.

Bei der Färbung führen lange Färbezeiten und steigende Färbetemperaturen zu erhöhtem Oligomerenaustritt [16,19,49]. Die Oligomere werden nach Ansicht der meisten Autoren [16-32] zunächst in der Flotte gelöst. Sie kristallisieren dann auf der Faser oder in der Flotte aus, in letzterem Fall werden sie z.T. auf der Faser redeponiert. Nach neueren eigenen Ergebnissen [49] ist diese Theorie jedoch unvollständig, da ein großer Teil der Oligomere bereits beim Austritt aus der Faser auskristallisiert und z.T. fest an der Oberfläche haftet.

Die Redepositionstheorie hat dazu geführt, daß man der Dispergierung des cyclischen Trimeren besondere Aufmerksamkeit widmete. Diese wird durch hohe Scherkräfte und ein Abkühlen der Flotte unter 80 - 90 ^{o}C beeinträchtigt [16,22,23,50].

Dispergiermittel [17,21-23,27], insbesondere anionaktive [31], sollen dies teilweise verhindern. Eine übertriebene Anwendung von Hilfsmitteln kann jedoch die Flottenstabilität verringern [22,23].

Eine Agglomeration bzw. ein Kristallwachstum des cyclischen Trimeren beim Abkühlen soll auch das Heißablassen der Flotte bei Färbetemperatur verhindern [22-24,27]. VERNAZZA [35] sowie eigene Arbeiten [49] zeigten jedoch, daß diese Empfehlung keinen Erfolg bringt. Die Zeitersparnis bei Verwendung von Wärmeaustauschern macht nach VERNAZZA das Heißablassen jedoch trotzdem wirtschaftlich sinnvoll.

Oligomere lösen sich gut in Substanzen, die als Carrier Verwendung finden [16,18]. Der Zusatz von Carriern, insbesondere Trichlorbenzol, soll deshalb die Löslichkeit der Oigomeren in der Färbeflotte erhöhen. Dies führt, zumal beim Heißablassen der Flotte, zu einer Verringerung des Oligomerenproblems [18,23,24,30]. Nach eigenen Versuchen [49] und nach RIEBER [26] führt jedoch die Verwendung von Carriern immer zu einem erhöhten Oligomerenaustritt beim Färben.
Die Löslichkeit des cyclischen Trimeren in Wasser ist gering. Nach v.d. ELTZ und KUNZE [22] beträgt sie bei 100 °C 222 mg/l und bei 140 °C 510 mg/l. Die Werte liegen um den Faktor 100 höher als eigene Ergebnisse [51] (s. 4.2.4). Entsprechende Angaben für andere Polyesteroligomere existieren in der Literatur nicht. Die Löslichkeit der linearen Oligomere ist jedoch so hoch, daß es nur in seltenen Fällen zu Abscheidungen im Färbebad kommt.
Die Angaben über die Menge der bei einer Färbung aus der Faser austretenden Oligomere variieren stark. So gehen nach RIEBER [4] nur 0,01 - 0,1 % Oligomere bei 120 °C Färbetemperatur in die Flotte über. Nach KUSCH [37] wandern bei einer Färbedauer von einer Stunde bei 130 °C 0,13 - 0,29 Gew.% cyclisches Trimeres aus der Faser heraus. VERNAZZA [35] gibt für eine Garnfärbung 0,56 % an. Nach eigenen Messungen [49] (s. 4.2) schließlich kann dieser Betrag noch größer sein. Es ist verständlich, daß solche Mengen zu erheblichen Betriebsstörungen führen können.

Den Austritt von Oligomeren bei Behandlungen mit chlorierten Kohlenwasserstoffen beschreiben BREDERECK und Mitarb. [39]. Sie verfolgten die Zeit- und Temperaturabhängigkeit des Oligomerenaustritts, der bis zu 2 % vom Fasergewicht betrug. Ein Oberflächengehalt trat nicht auf.

Bei Oligomerenproblemen wird eine besonders intensive reduktive Nachreinigung empfohlen [21,24,25,27], als Zusatz sollen sich Dispersionsmittel eignen. Nach VERNAZZA [35] bringen jedoch sowohl Heißspülen als auch eine reduktive Nachbehandlung keine Senkung des Oberflächengehaltes, nur bei Verwendung eines Dispergiermittels verringert er sich geringfügig von 0,28 auf 0,22 % vom Fasergewicht. Weitere Zahlenangaben sind der Literatur nicht zu entnehmen. Auch über die Entfernbarkeit von abfiltrierten, also lose aufliegenden Oligomeren gibt es keine Informationen.
Der oft empfohlene Zusatz von Weichmachern [16,17,20-23,30] hat nur Bedeutung für die Weiterverarbeitung. Er soll das Stauben und den Abrieb verringern sowie die Fadenspannung vergleichmäßigen. Eine Herabsetzung der Fadenspannung sollte nicht notwendig sein, da nach SPRENKMANN [34] und SKELLY [32] im Gegensatz zu polnischen Autoren [36] die Oligomere selbst eine Herabsetzung der Fadenreibung bewirken.

Die Literaturübersicht zeigt, daß z.T. erhebliche Widersprüche über das Verhalten der Oligomere beim Färben bestehen. Dies ist sicher z.T. auf Fehler in der Analytik zurückzuführen. Auch eigene ältere Veröffentlichungen [19,51] waren nicht frei von derartigen Fehlern, die nach dem derzeitigen Stand der Forschung folgendermaßen zu korrigieren sind:

1. Die Gesamtoligomerenbestimmung bei Handelsfasern durch Dioxan-Extraktion ergibt Werte von 1,3 - 1,6 Gew.%. Höhere Werte wurden durch Oxidationsprodukte des Dioxans vorgetäuscht.

2. Erste Redepositionsversuche [19,51] waren nicht reproduzierbar. Auf die neuen Vorstellungen zur Redeposition wird im Text (4.2.5) eingegangen.

3. Die Methanolextraktion von Fasern entfernt geringe Mengen an cyclischem Trimeren, insbesondere von der Faseroberfläche. Auch wenn dieser Fehler bei Handelsfasern relativ klein ist, sollte man doch die Fasern nur mit Petroläther und nicht mit Methanol reinigen.

3. Problemstellung

Die hier zusammengefaßten Arbeiten der Textilforschung Krefeld stammen aus den Jahren 1967 - 1974. Sie befaßten sich zunächst mit der Erarbeitung einwandfreier qualitativer und quantitativer Analysenmethoden für Oligomere, die zugleich eine Charakterisierung von Prozeßstörungen erlauben sollten. Auf dieser Grundlage wurden dann die einzelnen Parameter untersucht, die den Austritt der Oligomere aus der Faser und ihre anschließende Abscheidung bei hydrothermischen Behandlungen beeinflussen. In diese Arbeiten wurden die in der Literatur beschriebenen Gegenmaßnahmen eingeschlossen. Ziel dabei war es, den Mechanismus des Oligomerenaustritts und die Abscheidung auf der Faser besser zu verstehen und von hier aus Ansätze zur Reduzierung des Oligomerenproblems zu erarbeiten.

4. Ergebnisse

4.1 Analytik

Die gravimetrische Bestimmung der Oligoester ist zeitraubend und wird durch miterfaßte Begleitsubstanzen verfälscht. Dagegen ist eine quantitative Oligomerenbestimmung UV-spektroskopisch leicht durchführbar. Das Absorptionsmaximum liegt bei einer Wellenlänge von 240 nm. Für diese Wellenlänge erhielten wir eine Eichkurve durch Auftragen verschiedener Konzentrationen des cyclischen Trimeren in Dioxan gegen die Extinktion. Durch Vergleich läßt sich der Gehalt einer Oligomerenlösung leicht bestimmen. Abbildung 1 zeigt das UV-Spektrum des cyclischen Trimeren in Dioxan und die durch Regressionsrechnung festgelegte Eichgerade.

Die UV-Photometrie verwandten wir zunächst zur Konzentrationsbestimmung in Dioxan-Extrakten. Sie bildet aber auch die Grundlage für die Auswertung bei der Dünnschichtchromatographie und der Säulenchromatographie unter Druck. Bei der Verwendung anderer Lösungsmittel kann die in Dioxan aufgenommene Eichgerade nicht verwendet werden. Die folgende Tabelle gibt die Extinktionskoeffizienten bei 240 nm und 254 nm in verschiedenen Lösungsmitteln an.

TABELLE 1: Extinktionskoeffizient des cyclischen Trimeren in verschiedenen Lösungsmitteln bei 240 und 254 nm

Lösungsmittel	240 nm	254 nm
Dioxan	$4{,}73 \cdot 10^4$ [cm^2/mMol]	$2{,}93 \cdot 10^4$ [cm^2/mMol]
Methylenchlorid	$6{,}58 \cdot 10^4$ [cm^2/mMol]	$3{,}96 \cdot 10^4$ [cm^2/mMol]
Chloroform	$7{,}41 \cdot 10^4$ [cm^2/mMol]	$4{,}79 \cdot 10^4$ [cm^2/mMol]

4.1.1 Dünnschichtchromatographie

Der analytische Nachweis von Polyester-Oligomeren ist mittels Dünnschichtchromatographie (DC) leicht möglich. Die DC vermittelt einen Überblick über die Zusammensetzung von Oligomerengemischen und deren Begleitstoffen. So erlaubt sie, die Eignung der verschiedenen quantitativen Analysenmethoden wie Extraktion und Säulenchromatographie im Einzelfall zu beurteilen.

Als Fließmittel für die DC verwenden wir Lösungsmittelgemische. Durch Änderung der Zusammensetzung lassen sich diese an spezielle Probleme anpassen. Die Hauptkomponente ist ein unpolares Lösungsmittel wie Benzol, Chloroform oder Methylenchlorid, mit der geringe Mengen Dioxan, Äther oder Alkohol gemischt werden.
Für die Trennung der linearen Oligomere erwies sich Tetrahydrofuran/3n Ammoniak (5:1) und für die Abtrennung der cyclischen Verbindungen das Fließmittel [43] Benzol/Dioxan (10:1) als geeignet. Später verwendeten wir auch die Laufmittelsysteme Chloroform/Alkohol (9:1) und Chloroform/Äther (10:0,5) für cyclische Oligomere nach PEEBLES u.a. [8]. Beispiele für die DC-Trennung zeigt Abbildung 2.

Als Trägermaterial für diese Analysen diente Kieselgel HF_{254}. Auf einem solchen Trägermaterial, das mit einem UV-Indikator versehen ist, können die aromatischen Verbindungen an ihrer Fluoreszenzlöschung unter einer UV-Lampe (254 nm) auf der Platte erkannt werden. Liegt ein Kieselgel ohne Fluoreszenzindikator vor, so müssen die Platten nach der Entwicklung mit einer 0,05 %igen Lösung, z.B. von Fluoreszeinkalium, besprüht werden.

4.1.2 Der Gesamtoligomerengehalt

Die Extraktion von Polyesterfasern mit siedenden Lösungsmitteln erfaßt den Gesamtgehalt an Oligomeren. Bei der Soxhlet-Extraktion mit Dioxan zeigt sich, daß nach 12 Stunden Extraktionsdauer der Hauptanteil der Oligomere aus der Faser herausgelöst ist. Danach nimmt der extrahierbare Anteil nur noch langsam zu (Abbildung 3). Bei der UV-spektroskopischen Bestimmung muß nach dieser Behandlung ein Blindwert des Dioxans (Oxidationsprodukte) berücksichtigt werden, sonst resultieren zu hohe Werte.

Das zunächst angewendete Analysenverfahren [19] hatte den Nachteil, daß es durch Präparationen, Carrier u.a. gestört wurde. Es erfaßte darüber hinaus nur die der Extraktion zugänglichen, also nicht alle Oligomere. Abbildung 4 zeigt anhand einer säulenchromatographischen Extraktuntersuchung, daß das cyclische Trimere quantitativ, das cyclische Tetramere jedoch nur teilweise extrahiert wird. Außerdem enthält der Extrakt geringe Mengen an linearen Oligomeren.

Bei der Untersuchung von Handelsfasern verschiedener Hersteller ergeben sich nach dieser Methode Gesamtgehalte von 1,3 - 1,6 % vom Fasergewicht. Diese Werte sind aufgrund der oben aufgeführten einschränkenden Faktoren erheblich niedriger als die von BOGATZKI und NITTKA [5] nach dem Umfällverfahren erhaltenen Werte von 2,3 - 2,5 %.

4.1.3 Der Oberflächengehalt

Die Oligomeren auf der Faseroberfläche werden durch Eintauchen des Fasermaterials in kaltes Dioxan abgelöst. In Vorversuchen ergab sich, daß schon bei kurzen Behandlungszeiten von etwa 1 min sämtliche Oligoester von der Faseroberfläche abgelöst werden. Der Ablösevorgang konnte auch mikroskopisch kontrolliert werden. Bei längeren Eintauchzeiten (bis zu 10 min) in kaltes Dioxan erfolgt kein wesentlicher Anstieg des Oligomerengehaltes, was bedeutet, daß unter den oben angegebenen Bedingungen nur vernachlässigbar geringe Mengen von Oligoestern aus dem Faserinneren herausgelöst werden. Bei Vorliegen größerer Mengen Fasermaterial ist es zweckmäßig, die Ablösung von der

Oberfläche durch 1-2-minütiges Schütteln mit kaltem Dioxan in einem Schüttelapparat durchzuführen. In Abwesenheit störender Substanzen kann der Oligomerengehalt in Dioxan direkt UV-spektroskopisch bestimmt werden. Ist dies nicht möglich, empfiehlt sich die Säulenchromatographie. Untersucht man nach dieser Methode Handelsfasern und texturierte Polyesterfasern, so findet man in allen Fällen Oberflächengehalte unter 0,05 %. Nur bei hydrothermisch behandeltem Polyester, also gesetteten oder gefärbten Fasern und Geweben, findet man höhere Oberflächengehalte. Diese betragen dabei bis zu 0,3 % vom Fasergewicht [19,37], nur bei Verwendung von Carriern oder aufgrund von Filtriereffekten finden sich noch höhere Werte. Die folgende Tabelle gibt Oberflächengehalte für sattdampfbehandeltes Material an.

<u>TABELLE 2</u>: Einfluß der Sattdampfbehandlung auf den Oberflächengehalt
Material: 1) Trevira 100/50 glzd., nicht fixiert
2) Crimplene 167/30, texturiert bei 230 °C

Die Fasern wurden in AHIBA-Bomben bei 110 °C, 120 °C und 130 °C für 30 min hängend gedämpft

Material	Oberflächengehalt in Gew.%			
	ungedämpft	110 °C	120 °C	130 °C
Trevira	0,045	0,045	0,055	0,13
Crimplene	0,05	0,03	0,14	0,12

4.1.4 Säulenchromatographie

Wesentliche Vorteile der Oligomerenbestimmung durch Säulenchromatographie unter Druck sind die kurze Arbeitszeit und die geringe Störanfälligkeit. Die experimentellen Bedingungen sind unter 6.6 aufgeführt. Wie die Untersuchung eines Modellgemisches von cyclischen Oligomeren zeigt, lassen sich diese einwandfrei trennen (Abbildung 5). Die Trennung der linearen Oligomere ist ebenfalls möglich, wurde aber aufgrund der geringen praktischen Bedeutung nicht weiter verfolgt.

Die in der Faser enthaltenen Oligomere bestehen überwiegend aus cyclischem Trimerem und Tetramerem. Höhere cyclische Oligomere sind mit der HPLC nachweisbar, werden aber unter den gewählten einfachen Bedingungen aufgrund ihrer viel höheren Retentionszeiten nicht erfaßt (Abbildung 6). Für die quantitative Auswertung der HPLC ist es aufgrund der Retentionszeit und der Mengenverhältnisse zweckmäßig, nur das cyclische Trimere zu bestimmen; zugleich ist dies sinnvoll, weil Störungen bei der Verarbeitung von Polyester fast ausschließlich durch das cyclische Trimere verursacht werden. Die Trennung des cyclischen Trimeren von Carriern und Farbstoffen ist ebenfalls durch HPLC unter den angegebenen Bedingungen möglich. Unter insgesamt 11 im Handel erhältlichen Carriern auf Basis von aromatischen Säureestern, aromatischen Äthern, substituierten Phenolen und Lösungsmitteln fand sich keiner, der den Nachweis des Trimeren störte. Ein Beispiel zeigt Abbildung 7. Störungen durch Farbstoffe sind selten. Allerdings gibt es hier einzelne Typen, die etwa gleiche Retentionszeiten aufweisen wie das cyclische Trimere. Durch Verwendung eines anderen Adsorbens, z.B. Al_2O_3, können sie jedoch abgetrennt werden, soweit sie die UV-spektroskopische Bestimmung überhaupt stören.

Zur Bestimmung des Gesamtgehalts der Faser an cyclischem Trimeren wird diese in Trifluoressigsäure/Chloroform gelöst. Die Lösung wird auf eine mit Kieselgel gefüllte Vorsäule gegeben, in der das Polymere quantitativ adsorbiert wird.

Das Eluat passiert anschließend die Trennsäule, so daß kein besonderer Arbeitsgang erforderlich ist. Tabelle 3 zeigt einen Vergleich mit der Dioxan-Extraktion zur Bestimmung des Gesamtoligomerengehaltes. Auf die Anwesenheit von Textilhilfsmitteln wurde verzichtet, da dann nur die HPLC anwendbar ist. Zur Vorbehandlung wurde das Polyestermaterial 6 Stunden mit Petroläther extrahiert. Im einzelnen wurden folgende drei Methoden angewandt:

A. Extraktion der Oligomeren mit Dioxan und anschließende UV-spektroskopische Bestimmung. Es wird Dioxan Uvasol benutzt, um die Verfälschung des Meßergebnisses durch Zersetzungsprodukte des Dioxans möglichst klein zu halten.

B. Extraktion der Oligomeren mit Dioxan und anschließende HPLC-Bestimmung des cyclischen Trimeren.

C. Lösung der Polyesterfasern in $CHCl_3/CF_3COOH$ und direkte HPLC-Bestimmung des cyclischen Trimeren.

Man kann die Meßwerte nicht direkt vergleichen, da bei der ersten Methode die Summe der extrahierten Oligomeren, bei den anderen beiden ausschließlich das cyclische Trimere bestimmt wurde. Der Anteil an cyclischem Trimeren beträgt danach 68 % der extrahierbaren Oligomere. Die Standardabweichung der Verfahren unterscheidet sich nicht erheblich, die Direktbestimmung scheint genauer zu sein. Die aus Methode B und C erhaltenen Werte stimmen nahezu überein, die geringe Abweichung ist statistisch nicht signifikant.

TABELLE 3: Gesamtoligomerengehalt eines Polyesters (100 dtex/ f 50) in Gew.%

Methode	A (Oligomere) %	B (cyclisches Trimeres) %	C (cyclisches Trimeres) %
Meßwerte	1,54	1,08	1,06
	1,75	1,12	1,10
	1,55		1,08
	1,50		1,10
	1,56		1,06
	1,69	1,00	1,06
	1,55	1,02	1,05
	1,50	1,02	1,06
	1,53	1,00	1,15
	1,50	1,00	1,10
Mittelwert	$\bar{x}$ = 1,57 %	$\bar{x}$ = 1,03 %	$\bar{x}$ = 1,08 %
Standardabweichung	s = ± 0,09 %	s = ± 0,05 %	s = ± 0,03 %

Der Wert von 1,08 Gew.% an cyclischem Trimeren entspricht dem anderer Handelsfasern. Chemisch modifizierte Fasern weisen einen Gehalt von 0,8 - 1,1 % cyclischem Trimeren auf. In einem Einzelfall fanden wir für eine Teppichfaser einen Gehalt von nur 0,35 %. Der etwas geringere Gehalt bei modifizierten Fasern kann durch ein geändertes Gleichgewicht bei der niedrigeren Schmelztemperatur oder einfach durch die verringerte Bildungswahrscheinlichkeit des cyclischen Trimeren in Gegenwart weiterer Komponenten verursacht sein.

Die Bestimmung des Oberflächengehaltes durch Säulenchromatographie erfordert die vorherige Kaltextraktion mit Dioxan.

Die erhaltene Lösung kann man direkt auf die Trennsäule geben, erhält dann aber durch die Polaritätsänderung des Elutionsmittels schlechte Trennungen. Es ist deshalb besser, das Dioxan abzudampfen und den Rückstand in Chloroform aufzunehmen.

Für Tabelle 4 wurde das gleiche Material wie bei Tabelle 3 verwendet. Es wurden folgende Bestimmungen durchgeführt:

A. 1 g PES-Fasern (mit Petroläther vorgereinigt) wurde 2 min mit 20 ml Dioxan geschüttelt. Der Gehalt an Oligomeren wurde UV-spektroskopisch nach Verdünnen mit Dioxan-Uvasol bestimmt.

B. 1 g PES-Fasern (mit Petroläther vorgereinigt) wurde 2 min mit 20 ml Dioxan geschüttelt. Der Extrakt wurde eingedampft und anschließend auf 5 ml mit Chloroform aufgefüllt. Danach erfolgte die Bestimmung des cyclischen Trimeren mit der HPLC.

C. Analog B, das Material wurde nicht mit Petroläther vorgereinigt.

Die Werte nach Methode A liegen deutlich höher. Offensichtlich werden hierbei noch andere UV-absorbierende Substanzen erfaßt, z.B. Präparationsreste oder lineare Oligomere. Die Werte nach B und C unterscheiden sich nicht.

TABELLE 4: Oberflächengehalt eines Polyesters (100 dtex/f 50) an Oligomeren in Gew.%

Methode	A (Oligomere) %	B (cyclisches Trimeres) %	C (cyclisches Trimeres) %
Meßwerte	0,049	0,032	0,030
	0,049	0,034	0,032
	0,048	0,032	0,037
	0,050	0,031	0,031
Mittelwert	$\bar{x}$ = 0,049 %	$\bar{x}$ = 0,033 %	$\bar{x}$ = 0,033 %
Standardabweichung	s = ± 0,001 %	s = ± 0,002 %	s = ± 0,003 %

4.1.5 Analytik von oligomerenhaltigen Ablagerungen

Ablagerungen im Färbeapparat und Abriebe an Fadenleitorganen bei der Polyesterverarbeitung sind nicht immer nur auf Oligomere zurückzuführen, sie enthalten auch Präparationen, Faserreste, Farbstoffe u.a.. Die Bestimmung kann durch eine Kombination von Lösungsmittelbehandlungen und anschließende UV-spektroskopische Auswertung erfolgen (experimentelle Einzelheiten siehe 6.7). Dabei wird überwiegend das cyclische Trimere erfaßt. Der Vorteil dieser Methode liegt in dem geringen apparativen Aufwand, der Nachteil in dem erheblichen Zeitaufwand. Die Bestimmung läßt sich durch säulenchromatographische Untersuchung des Chloroformauszuges erheblich vereinfachen.
Die Untersuchung von praxisüblichen "Abrieben" ergibt Oligomerengehalte zwischen 16 und 95 %, die meisten Werte liegen zwischen 40 und 70 %. Die weite Streuung ist auf die heterogene Herkunft aus verschiedenen Betrieben und Verarbeitungsstufen zurückzuführen. Bei den Abrieben, an denen gravimetrische und säulenchromatographische Untersuchungen durchgeführt wurden, war der Oligomerengehalt zu 85 - 100 % auf das

cyclische Trimere zurückzuführen. Besonders hohe Gehalte wiesen Abriebe von Conemaschinen und vom Spindelantrieb einer Falschdrahttexturiermaschine auf.
Für Ablagerungen innerhalb von Färbeapparaten gilt das gleiche wie für Abriebe. Die Werte liegen bei 40 - 70 % Oligomere. Hier lassen sich durch DC in einigen Fällen auch lineare Oligomere nachweisen.

Bei Geweben kann der Oberflächengehalt an Oligomeren der eingesetzten Garne zu Schwierigkeiten führen. So kommt es z.B. bei garngefärbten Krawattenstoffen durch unterschiedliche Oligomerenauflage zu Streifigkeit und Fleckenbildung. Auch bei stückgefärbten Geweben erhält man durch Oligomerenabscheidungen manchmal ein streifiges oder fleckiges Bild. In allen Fällen liegt der Oberflächengehalt an fehlerhaften Stellen über 0,1 % vom Fasergewicht, bei einem offensichtlich nicht reduktiv nachbehandelten Gewebe fanden wir sogar 5,3 % vom Fasergewicht Oligomere. In nahezu allen Fällen liegt nur das cyclische Trimere vor, allerdings konnten wir kürzlich auf einem Gewebe auch cyclisches Tetrameres nachweisen.

4.2 Das Verhalten der Polyesteroligomere unter Färbebedingungen

Den Schwerpunkt dieser Untersuchungen bildet das Verhalten der Oligomeren unter Färbebedingungen. Um die Behandlungsbedingungen so einfach wie möglich zu halten, wurden ausschließlich "Blindfärbungen" vorgenommen. Einflüsse von der Faserseite, wie KUSCH sie beschreibt [37,42], wurden durch Verwendung nur eines handelsüblichen Polyester-Filamentgarnes und eines Polyestergewebes so gering wie möglich gehalten. Zur Charakterisierung der Vorgänge unter Färbebedingungen bestimmten wir vor allem den Oberflächengehalt an cyclischem Trimeren. Dieser gibt uns ein Maß für die zu erwartenden Störungen bei der späteren Verarbeitung der Faser. Zusätzlich analysierten wir bei einigen Versuchen den Gesamtgehalt an cyclischem Trimeren. Er ist jedoch für die Praxis uninteressant. Seine Änderung gibt jedoch den Anteil an cyclischem Trimeren an, der in die Flotte übergeht und zu Ablagerungen auf der Faser, im Färbeapparat und in Wärmeaustauschern führt. Die Differenz zwischen Gesamtgehalt und Oberflächengehalt schließlich gibt die Menge an cyclischem Trimeren an, die sich im Innern der Faser befindet.

Testfärbungen mit Dispersionsfarbstoffen sind nur mit großem Aufwand reproduzierbar zu gestalten [52]. Dies gilt auch für den Oligomerenaustritt beim Färben. So ergibt sich aus zehn im Verlauf mehrerer Monate durchgeführten Bestimmungen des Oberflächengehaltes nach einer Färbebehandlung ein Variationskoeffizient von 10 %. Auf die starke Meßwertstreuung bei Versuchen zur Oligomerenabscheidung haben kürzlich auch REINERT und Mitarb. [38] hingewiesen.

4.2.1 Die Zeitabhängigkeit des Oligomerenaustritts

Bei der Behandlung von Polyesterfasern mit Wasser über 100 °C wandern die im Fasermaterial enthaltenen niedermolekularen Bestandteile (Oligoester) an die Faseroberfläche und von hier aus in die Behandlungsflotten. Die Summe der auf der Faseroberfläche, in der Flotte und an den Wandungen des Färbeaggregates gefundenen Oligomere einschließlich der durch Faserabbau gebildeten ist in Abhängigkeit von der Behandlungszeit für eine Behandlungstemperatur von 140 °C in Abbildung 8 dargestellt. Aus dem Kurvenverlauf ist zu erkennen, daß ein rascher Austritt in den ersten Stunden der hydrothermischen Behandlung erfolgt. Nach etwa 6-8 Stunden verläuft die Oligomerenabscheidung wesentlich langsamer und steigt erst nach 20 Stunden wieder an. Dieser Anstieg geht weit über den ursprünglichen Oligomerengehalt des Fasermaterials hinaus und kann nur durch nachgebildete lineare Oligomere infolge eines Faserabbaues verursacht werden. Parallel durchgeführte Festigkeitsmessungen haben gezeigt, daß mit dem zweiten Anstieg des Oligomerenaustritts auch eine Abnahme der Festigkeit einhergeht.

Durch eine chromatographische Analyse läßt sich nachweisen, daß die in den ersten Stunden des Färbevorganges abgeschiedenen Oligomere überwiegend aus dem cyclischen

Trimeren bestehen, während später infolge des Faserabbaues ausschließlich lineare Substanzen gebildet werden. Dieser Befund konnte durch hydrothermische Behandlungen von erschöpfend extrahierten Fasermaterialien bestätigt werden. Für praktische Färbebedingungen mit kürzeren Zeiten und meist etwas tieferen Färbetemperaturen folgert aus der Kurve, daß Oligomere erstens nicht nachgebildet werden und zweitens nur bis zu einem bestimmten Grenzwert austreten können. Die chemischen Potentiale der Oligomere müssen in der Flotte und der Faser im Gleichgewicht einander entsprechen. Im einfachsten Fall führt das zu einer Nernst-Verteilung, aus dem Gleichgewicht läßt sich der Grenzwert ablesen. Dieser entspricht in der Größenordnung von 1,4 % dem durch Dioxan-Extraktion bestimmten Gesamtgehalt an Oligomeren, wird aber bei Abwesenheit von Carriern in praktisch relevanten Färbezeiten nicht erreicht.

4.2.2 Die Abhängigkeit des Oberflächengehaltes von der Färbetemperatur und den zugesetzten Hilfsmitteln

Polyesterfasern werden meist im Temperaturbereich von 100 - 130 °C gefärbt. In vielen Fällen erfolgt dabei ein Carrierzusatz, der von der Färbetemperatur abhängig ist und bis zu 4 g/l Flotte betragen kann. Den Einfluß der Faktoren Temperatur und Carrierkonzentration bei hydrothermischen Behandlungen auf den Oberflächengehalt einer Polyesterfaser an cyclischem Trimeren veranschaulichen Tabelle 5 und Abbildung 9.

TABELLE 5: Einfluß von Färbetemperatur und Carrier auf den Oberflächengehalt an cyclischem Trimeren
Material: Trevira 100/50 glzd.
Färbungen auf AHIBA-Färbegerät: FV: 1:60
pH = 4,5 - 5 Färbedauer: 90 min

Zusätze zur Flotte	chemische Konstitution	Oberflächengehalt an cyclischem Trimeren in Gew.% 100 °C	110 °C	130 °C
--	--	0,03	0,05	0,20
1 g/l Levegal PT	arom. Ester	0,06	0,13	0,40
4 g/l Levegal PT	arom. Ester	0,28	0,35	0,45
1 g/l Levegal TBE	Chlorbenzole	0,05	0,13	0,45
4 g/l Levegal TBE	Chlorbenzole	0,18	0,30	0,40
1 g/l Palanil-carrier PE	o-Phenyl-phenol	0,06	0,10	0,50
4 g/l Palanil-carrier PE	o-Phenyl-phenol	0,40	0,45	0,50
5 g/l Palanil-carrier AN	arom. Äther	0,08	0,11	--
1,6 g/l Carolid ELF-C	mod. Diphenyl-derivat	0,14	0,45	--
4 g/l Remol TRF	o-Phenyl-phenol	--	0,31	--
4 g/l Dilatin DB	Chlorbenzole	--	0,58	--

Die Ergebnisse zeigen, daß der Oberflächengehalt von Polyesterfasern bei 90 min Färbezeit in Abwesenheit von Carrier erst oberhalb 110 °C zu Oberflächengehalten von über 0,1 % vom Fasergewicht führt. Die Gegenwart von Carrier führt in allen Fällen zu einer Erhöhung des Oberflächengehaltes, wobei das Ausmaß der Erhöhung von der Temperatur und der Carrierkonzentration abhängt. Bei 130 °C führen der verwendete niedrige und hohe Carriergehalt zu gleichen Oberflächengehalten. Diese gehen dabei in der Größenordnung über Literaturdaten für den Oligomerenaustritt beim Färben hinaus. Nur bei einem einzigen untersuchten Carrier ist dieser Einfluß gering. Dieser Carriertyp besitzt nach WECKLER [53] im Vergleich zu anderen Carriern eine geringere Quellwirkung.

4.2.3 Das cyclische Trimere als Dispersionsfarbstoff

Zusammenfassend läßt sich aus den vorausgegangenen Versuchen feststellen, daß die Färbeparameter Zeit, Temperatur und Carrier, die zu einer schnelleren Farbstoffaufnahme führen, auch den Oligomerenaustritt und den Aufbau eines Oberflächengehaltes an cyclischem Trimeren beschleunigen. Diese Parallelität legt nahe, das cyclische Trimere als einen Farbstoff zu betrachten. Wenn diese Annahme stimmt, sollte man eine mit Dioxan extrahierte Faser, die frei von cyclischem Trimeren ist, mit diesem "färben" können. Den "Farbstoff" cyclisches Trimeres setzten wir einerseits kristallin als Suspension, andererseits in Form von Oligomeren abgebenden Fasern ein. Die Ergebnisse enthält Tabelle 6.

TABELLE 6: Färbeversuche mit cyclischem Trimeren

Material: Trevira 100/50 glzd., normal oder oligomerenfrei (extr.)

Färbung: AHIBA-Färbegerät, 90 min 130 °C, 240 ml Flotte

Versuch 1 - 5: Zusatz von 50 mg cyclischem Trimeren (+grobkristallin)

Versuch 6 + 7: Extrahierte Faser und Normalfaser zusammen gefärbt

		Konzentration an cyclischen Trimeren in Gew.%			
Versuch	Material	Carrier-gehalt (Levegal PT)	Ober-flächen-gehalt	Gesamt-gehalt	Konzentration in der Faser
1	Trevira	--	0,14	1,04	0,90
2	Trevira	4 g/l	0,45	0,85	0,40
3	Trevira extr.	--	$\leqq$ 0,01	$\leqq$ 0,01	$\leqq$ 0,01
4	Trevira extr.	4 g/l	$\leqq$ 0,01	0,12	0,12
5+	Trevira extr.	4 g/l	$\leqq$ 0,01	$\leqq$ 0,01	$\leqq$ 0,01
6	Trevira	--	0,15	1,02	0,87
	Trevira extr.	--	$\leqq$ 0,01	0,09	0,09
7	Trevira	4 g/l	0,35	0,65	0,30
	Trevira extr.	4 g/l	$\leqq$ 0,01	0,30	0,30

Die Ergebnisse zeigen, daß in Abwesenheit von Carrier offensichtlich die Löslichkeit bzw. die Lösegeschwindigkeit des Trimeren zu gering ist, die Faser nimmt keine Oligomeren auf. Nur bei der Verwendung von oligomerenhaltigen Fasern kommt es zur Anfärbung der vorher extrahierten Faser. Dies ist verständlich, da die Faser das cyclische Trimere in einem Zustand größerer

Löslichkeit enthält bzw. abgibt. Nach KASSENBECK [54] liegt das cyclische Trimere als Mikrokristallit in Hohlräumen der Faser vor. Aufgrund der hohen Oberflächenenergie der Mikrokristalle können diese in Lösung gehen und wachsen. Jedoch muß jetzt auch noch die Verteilung in der zweiten Phase (H_2O) berücksichtigt werden. Erst wenn diese gesättigt ist, kommt es zu einem Kristallwachstum.

In Anwesenheit von Carriern wird der "Färbe"-Vorgang wesentlich beschleunigt. Hierbei kommt es bereits durch feinkristallisiertes cyclisches Trimeres zu einer Färbung der extrahierten Faser. Bei Verwendung von Fasern als Oligomerenlieferant kommt es zu einem Egalisieren. Beide Filamentgarne weisen nach der Färbung den gleichen Gehalt an cyclischem Trimeren innerhalb der Faser auf, nur der Oberflächengehalt ist unterschiedlich.
Ein Oberflächengehalt findet sich in allen Fällen nur auf vorher oligomerenhaltigen Fasern. Die Oberflächenoligomere sind kristallin [19], deshalb können sie für diese Betrachtung des "Färbens" außer acht gelassen werden. Auf sie wird unter 4.2.5 noch näher eingegangen.
Den Versuch 7 haben wir anschließend etwas modifiziert. Dazu wurden ein oligomerenhaltiges und ein mit Dioxan extrahiertes Polyestergarn gleicher Herkunft eingesetzt und der Gehalt an cyclischem Trimeren in und auf der Faser in Abhängigkeit von der Färbezeit gemessen. Die Fasern wurden jedoch getrennt behandelt. Der Gehalt an cyclischem Trimeren im Färbesystem wurde durch Zugabe von feinkristallinem cyclischem Trimeren in beiden Fällen auf insgesamt 2,1 - 2,2 % vom Fasergewicht eingestellt. Die erhaltenen Ergebnisse veranschaulicht Abbildung 10.
Die oligomerenhaltige Faser erreichte bei der verwendeten Carrierkonzentration etwa nach einer Stunde Färbezeit einen stationären Zustand. Der Gehalt an cyclischem Trimeren in der Faser betrug 0,3 % und der Oberflächengehalt 0,35 % vom Fasergewicht. Die Differenz der Gesamtgehalte vor und nach der Färbung, etwa 0,4 % cyclisches Trimeres, wurde an die

Flotte abgegeben. Das extrahierte Material brauchte etwa vier Stunden, um einen stationären Zustand zu erreichen. Auch hier betrug der Gehalt an cyclischem Trimeren in der Faser 0,3 Gew.%. Da unter den Färbebedingungen die nur durch die Extraktion unterschiedlichen Fasern weitgehend die gleiche Struktur erhalten, ist auch für beide derselbe Gleichgewichtszustand zu erwarten. Eine Ablagerung von cyclischem Trimeren auf der extrahierten Faser findet wie in den vorhergehenden Versuchen nicht statt.

Insgesamt beweisen die bisher beschriebenen Versuche folgende Aussagen:

1. Die treibende Kraft des Austritts ist der hohe Gradient der chemischen Potentiale des cyclischen Trimeren in der Faser und der Flotte. Nach Erreichung eines Gleichgewichtszustandes treten keine Oligomeren mehr aus der Faser aus.

2. Der Gleichgewichtszustand entspricht dem Färbegleichgewicht eines Dispersionsfarbstoffes. Er ist sowohl durch Abziehen überschüssiger cyclischer Trimerer als auch durch eine Aufziehfärbung zu erreichen.

3. Ein Oberflächengehalt bildet sich nur auf oligomerenhaltigen Fasern während des Austritts der Oligomere aus der Faser.

Diese dritte Feststellung wird noch durch die Beobachtung gestützt, daß sich beim erneuten Färben von Fasern im Gleichgewichtszustand nach Entfernung der Oberflächenoligomere kein Oberflächengehalt mehr einstellt.

4.2.4 Löslichkeit des cyclischen Trimeren in Wasser

Das cyclische Trimere verhält sich nach unseren Ergebnissen wie ein Dispersionsfarbstoff. Es lag nun nahe, zur Weiterführung dieses Vergleichs die Löslichkeit in Wasser mit derjenigen von Dispersionsfarbstoffen [55-57] zu vergleichen. Die Löslichkeit des cyclischen Trimeren in Wasser unter 100 °C war so niedrig, daß wir sie nicht messen konnten. Zur Löslichkeitsbestimmung über 100 °C verwendeten wir zwei Färbebecher, die über ein Zwischenstück druckfest verbunden waren. Das Zwischenstück enthielt eine Glasfritte. Die heiße Lösung des cyclischen Trimeren in Wasser wurde bei der Untersuchungstemperatur aus dem einen Färbebecher unter dem Eigendruck des Wassers in den zweiten gekühlten Becher filtriert. Die Bestimmung des cyclischen Trimeren erfolgte anschließend UV-spektroskopisch. Fehlerquellen bildeten die Abkühlung der Lösung während des Filtriervorganges und ab 140 °C die partielle Hydrolyse des cyclischen Trimeren. Dies mag zu dem recht großen Variationskoeffizienten von 35 % über fünf Doppelbestimmungen geführt haben.

TABELLE 7: Die Löslichkeit von cyclischem Trimeren in Wasser über 100 °C

Temperatur	Löslichkeit in mg/l
100 °C	0,05
110 °C	0,2
120 °C	1,0
130 °C	1,3
140 °C	3,0
150 °C	5,8

Die Löslichkeit des cyclischen Trimeren beträgt nach Tabelle 7 für 125 °C etwa 1,2 mg/l. Dispersionsfarbstoffe haben bei der gleichen Temperatur eine Löslichkeit von 3 - 30 mg/l [57].

Damit ist das cyclische Trimere ein sehr schlecht löslicher Dispersionsfarbstoff. Da das Molekül zudem im Vergleich zu Farbstoffen recht groß und sperrig ist, resultiert eine äußerst geringe Färbegeschwindigkeit. Erst in Anwesenheit von Carriern kommt es zu praktikablen Färbegeschwindigkeiten. Dabei dürfte nicht die Löslichkeitserhöhung durch den Carrierzusatz, sondern die bessere Zugänglichkeit der Faser (Senkung der Einfriertemperatur) den wesentlichen Faktor bilden. Hierfür spricht weiterhin, daß der wenig quellende Carrier auf Basis von Aryläthern [53] den geringsten Effekt zeigt (s. Tabelle 5).

4.2.5 Die Entstehung des Oberflächengehaltes an cyclischem Trimeren beim Färben

Bei der Auswertung der bisher beschriebenen Färbeversuche stand das farbstoffanaloge Verhalten des Trimeren im Vordergrund. Der Oberflächengehalt diente nur als Maß für den Oligomerenaustritt. Die Abscheidung der Oligomere auf der Faser ist jedoch für die daraus resultierenden Störungen im Betriebsablauf wichtig. Deshalb seien hier zunächst die Ergebnisse aus den vorangegangenen Versuchen zusammengefaßt:

1. Abbildung 10 zeigt, daß der Oligomerenaustritt und der Aufbau des Oberflächengehaltes gleichzeitig erfolgen. Obwohl die Flotte noch cyclisches Trimeres enthält, verändert sich der Oberflächengehalt nicht mehr.

2. Oligomerenfreie Fasern weisen nach der Färbung keinen Oberflächengehalt auf.

3. Die Zugabe von festem cyclischem Trimeren zur Flotte ändert den Oberflächengehalt nicht, wie ein Vergleich der Versuche 1 und 2 aus Tabelle 6 mit entsprechenden Ergebnissen aus Tabelle 5 zeigt.

Diese drei Punkte lassen sich mit der Redepositionstheorie nicht erklären. Einerseits sollte die Redeposition bei normalen und extrahierten Fasern nicht unterschiedlich sein, zumal wenn die Konzentration an cyclischem Trimeren am Ende des Färbevorganges in beiden Fasern gleich ist, andererseits ist nicht einsehbar, warum die Redeposition nur auf die Anfangsphase der Färbung beschränkt bleiben sollte, wenn in der Flotte noch genug cyclisches Trimeres suspendiert ist.
Der zugleich mit dem Oligomerenaustritt erfolgende Aufbau des Oberflächengehaltes und das Fehlen eines Oberflächengehaltes bei zuvor extrahierten Fasern führten nun zu folgender Vorstellung [44]: Das in der Faser gelöste cyclische Trimere diffundiert aus der Faser heraus und bildet im Grenzbereich Substrat/Flotte eine übersättigte Lösung. Das Trimere kristallisiert sofort auf der Faseroberfläche aus, der Oberflächengehalt steigt.
Diese Hypothese erlaubt auch die Erklärung von Punkt 3. Es ist nämlich nur dann eine Änderung des Oberflächengehaltes zu erwarten, wenn die Vorgänge in der Grenzschicht Faser/Flotte verändert werden. Dies erfolgt durch die Zugabe des cyclischen Trimeren nicht. Aufgrund der geringen Löslichkeit des cyclischen Trimeren ist die Flotte sehr schnell gesättigt. So bleibt nahezu über die gesamte Färbezeit der Flotteneinfluß konstant, es resultieren gleiche Oberflächengehalte.

4.2.6 Der Einfluß von Dispergiermitteln und des Heißablassens der Flotte auf den Oberflächengehalt

In der Literatur werden der Zusatz von Dispergiermitteln und das Heißablassen der Flotte zur Reduzierung des Oberflächengehaltes empfohlen. Nach der Redepositionstheorie wird in beiden Fällen die Agglomeration und das Kristallwachstum des zunächst gelösten cyclischen Trimeren verhindert und so die Redeposition auf die Faser verringert.

Zur Überprüfung dieser Empfehlungen haben wir zunächst den Zusatz von Dispergiermitteln zum Färbebad geprüft. Die

Ergebnisse auf dem AHIBA- und dem LINITEST-Färbegerät waren gleich, sie sind in Tabelle 8 zusammengefaßt.

TABELLE 8: Der Einfluß von Dispergiermitteln auf den Oberflächengehalt

Material: Trevira 100/50 glzd.
Färbung: LINITEST-Färbegerät; FV: 1:60
pH 4,5 - 5; 90 min 125 °C
Carrier: 4 g/l Levegal PT
a = anionaktiv n = nichtionogen

Zusätze	Ionogenität	chemische Konstitution	Oberflächengehalt in % cyclischem Trimeren ohne Carrier	mit Carrier
--	--	--	0,25	0,42
1,5 g/l Levegal HTN	n	oxäthylierte Verbindungen	0,22	0,33
0,5 g/l Versuchsprodukt	a/n	Phosphorsäureester und Fettsäurekondensationsprodukte	0,27	0,34
2,0 g/l Setamol WS	a	Naphthalinsulfosäureformaldehydkondensationsprodukt	0,18	0,34
1,0 g/l Bethamin OLG	n	Fettsäurekondensationsprodukt	0,22	0,55
1,0 g/l Bethamin 1166 konz.	n	Fettsäurekondensationsprodukt	0,23	0,40

Anschließend untersuchten wir das Heißablassen der Flotte. Das Heißablassen wurde dabei durch ein einfaches Umdrehen der Färbebecher simuliert. Die Ergebnisse enthält Tabelle 9.

TABELLE 9: Einfluß des Heißablassens auf den Oberflächengehalt an cyclischem Trimeren

Material: Trevira 100/50 glzd.
Färbung: AHIBA-Färbegerät; 90 min 125 °C; pH = 5; FV: 1:60
Carrier: 4 g/l Levegal PT
(Bethamin OLG und 1166 konz. sind nichtionogene Fettsäurekondensationsprodukte)

Zusätze	Oberflächengehalt in % an cyclischem Trimeren	
	normal abgekühlt	heiß abgelassen
--	0,21	0,22
1 g/l Bethamin OLG	0,22	0,23
1 g/l Bethamin 1166 konz.	0,22	0,22
1 g/l Bethamin OLG + 4 g/l Levegal PT	0,55	0,56
1 g/l Bethamin 1166 konz. + 4 g/l Levegal PT	0,40	0,41
4 g/l Levegal PT	0,40	0,40

Die Versuchsergebnisse zeigen, daß der Zusatz von Dispergiermitteln und das Heißablassen der Flotte den Oberflächengehalt an cyclischem Trimeren nicht reduzieren.

Dieses Ergebnis läßt sich aufgrund unserer vorher geschilderten Vorstellungen gut erklären. Beide Maßnahmen greifen nämlich nicht in den Kristallisationsvorgang im Grenzraum Faser/Flotte und damit auch nicht in die Bildung des Oberflächengehalts ein. Die dafür erforderliche Vergrößerung der Löslichkeit des cyclischen Trimeren wird durch Dispergiermittel nicht erreicht, obwohl deren hydrotrope Wirkung für Farbstoffe bekannt ist [57]. Carrier erhöhen die Löslichkeit, zugleich aber auch den

Oligomerenaustritt. So resultiert trotzdem bei normalen Färbezeiten ein erhöhter Oberflächengehalt.

Oligomerenkristalle werden aus der Flotte nicht redeponiert. So kann das Heißablassen nur verhindern, daß das bereits gelöste cyclische Trimere beim Abkühlen auf der Faser kristallisiert. Eine kurze Rechnung zeigt, ob dieser Anteil den Oberflächengehalt verändert. Bei einem angenommenen Flottenverhältnis von 1:10 kommt auf ein Warengewicht von 100 g ein Liter Flotte. Diese löst bei 130 °C 1,3 mg cyclisches Trimeres. Es treten jedoch in Abwesenheit von Carrier mehr als 200 mg aus dem Polyester aus. Der gelöste Anteil ist also vernachlässigbar klein. In Gegenwart von Carriern treten sogar mehr als 500 mg aus der Faser aus. Nach WEINGARTEN [57] und SKELLY [56] ist die Löslichkeit von Dispersionsfarbstoffen in carrierhaltigem Wasser jedoch nur geringfügig höher als in Wasser. Gleiches dürfte für das cyclische Trimere gelten, so daß auch hier kein Effekt des Heißablassens zu erwarten ist. Der Carrier kann also nur dann einen Einfluß haben, wenn er noch in nennenswerten Mengen als eigene, wassergesättigte Phase vorliegt. Das ist unter Färbebedingungen aber nicht der Fall.

4.2.7 Variation der Flottengeschwindigkeit und reduktive Nachreinigung

In den Färbeversuchen unter 4.2.1 - 4.2.6 war die Flottenbewegung durch das AHIBA- bzw. LINITEST-Färbegerät gegeben. In beiden Geräten kommt es zu einer geringen, aber für das Färben ausreichenden Flottenbewegung. Es ist jedoch nicht möglich, durch definierte Änderung der Flottenbewegung die Dicke der Grenzschicht Flotte/Faser zu beeinflussen. Es kommt auch nicht zu einer ausgeprägten Abfiltration bei der Durchströmung der Ware wie in einem Garnfärbeapparat. Aus diesem Grund sollte der Einfluß der Flottengeschwindigkeit auf die Oligomerenabscheidung durch Färbungen auf dem Praxitest geprüft werden. Weiterhin interessierte, ob es unter diesen veränderten Verhältnissen zu einer Redeposition bzw. Abfiltration von Oligomeren kommt und ob man zwischen abfiltriertem und gewachsenem,kristallinem cyclischem Trimeren auf der Faseroberfläche durch reduktive Nachbehandlung unterscheiden kann.

Das Praxitest-Färbegerät hat keine Möglichkeit zum Einstellen definierter Flottengeschwindigkeiten. Das Gerät erlaubt nur, den Pumpendruck zu messen. Zur Einstellung unterschiedlicher Flottengeschwindigkeiten wählten wir die Ventileinstellung so, daß unterschiedliche Drücke und damit Strömungsgeschwindigkeiten resultierten. Weiterhin setzten wir einer Flotte cyclisches Trimeres zu, um einen Filtriereffekt zu erzielen. Lose anhaftendes cyclisches Trimeres entfernten wir auch hier von der Ware durch zusätzliches einmaliges Kaltspülen mit kaltem Methanol.

TABELLE 10: Einfluß der Flottenzirkulationsgeschwindigkeit auf den Oberflächengehalt

Material: Dacron Echtheitsgewebe, Qual. 754

Färbungen: Praxitest; 90 min bei 125 °C, FV: 1:17

Carrier: 4 g/l Levegal PT

Bei Versuch 5 wurde zusätzlich einmal kalt mit Methanol gespült.

Versuch	Flotten-geschwindigkeit	Zusätze	Oberflächen-gehalt %	Gesamt-gehalt %
1	mindest einstellbare	4 g/l Levegal PT	0,15	1,05
2	mittlere	4 g/l Levegal PT	0,38	0,84
3	voll (max.)	4 g/l Levegal PT	0,38	0,84
4	voll (max.)	---	0,22	--
5	voll	4 g/l Levegal + 300 mg c $[G-T]_3$	0,37	0,80

Versuch 1 mit der kleinstmöglichen Flottenumwälzung ergibt trotz der Verwendung von Carrier einen geringen Oberflächengehalt, der Gesamtgehalt an cyclischem Trimeren ändert sich nicht signifikant. Dieses Ergebnis entspricht hier nicht aufgeführten früheren Versuchen, bei denen Polyesterfasern in stehender Flotte behandelt wurden und ebenfalls ein besonders niedriger Oligomerenaustritt beobachtet wurde.

Bei den Versuchen 2 und 3 in Tabelle 10 nimmt der Oberflächengehalt deutlich zu, während der Gesamtgehalt abnimmt. Offensichtlich besitzt hier die unbewegte Grenzschicht zwischen Faser und Flotte im Vergleich zu Versuch 1 eine geringere Dicke. Dies führt zu einem größeren Konzentrationsgefälle an Oligomeren in der Grenzschicht, so daß nach den Fick'schen Gesetzen ein verstärkter Oligomerentransport aus der Faser resultiert. Bei geringerer Dicke der Grenzschicht wird der Abtransport der Oligomeren aus der Grenzschicht erleichtert. Damit stehen die Kristallisation auf der Oberfläche und der Abtransport durch die Flotte miteinander in Konkurrenz.

Zur Untersuchung der Filtration färbten wir auf dem Praxitest Echtheitsgewebe ohne und mit Zusatz von Carrier und cyclischem Trimeren.

TABELLE 11: Einfluß der Nachbehandlung auf den Oberflächengehalt an cyclischem Trimeren

Material: PES-Echtheitsgewebe, Qual. 754

Färbung: Praxitest-Laborfärbeapparat; 90 min bei 125 °C

a) ohne Carrier

b) mit 4 g/l Carrier

c) mit 4 g/l Carrier und 1 % vom Warengewicht cyclische Trimere

Nachbehandlung: Methanol-Behandlung, 20 s kalt

reduktive Nachbehandlung 20 min bei 70 °C

Versuch	Oberflächengehalt in % cyclischem Trimeren				
	ohne Nachbehandlung	Methanol	reduktive Nachbehandlung ohne Hilfsmittel	reduktive Nachbehandlung mit Nekanil AC spez.	reduktive Nachbehandlung Bethamin 1166 konz.
a	0,17	0,16	0,15	0,15	0,16
b	0,43	0,40	0,40	0,30	0,36
c	1,50	0,42	0,38	0,25	--

Die Ergebnisse der Tabelle 11 lassen sich in ihrer Aussage in drei Punkten zusammenfassen:

1. Abfiltrierte Oligomere lassen sich durch Spülen mit Wasser nicht vollständig entfernen, hierfür reicht aber ein Kaltspülen mit Methanol oder eine reduktive Nachreinigung aus.

2. Die reduktive Nachreinigung entfernt keine auf der Faser auskristallisierten Oligomere.

3. Die reduktive Nachbehandlung unter Zusatz von Dispergiermitteln kann bei Carrierfärbungen einen geringen Teil der direkt auskristallisierten Oligomere entfernen.

Nach unseren Ergebnissen kann demnach grundsätzlich zwischen abfiltrierten und direkt auskristallisierten Oberflächenoligomeren unterschieden werden. Abfiltrierte bzw. redeponierte Oligomere lassen sich durch eine Nachbehandlung leicht entfernen, es erfolgt also offensichtlich nur eine physikalische Bindung an die Faseroberfläche.

Direkt auskristallisierte cyclische Trimere sitzen dagegen sehr fest auf der Faser. Sie lassen sich nicht oder nur zu einem geringen Teil entfernen. Hierfür gibt es zwei mögliche Erklärungen. Nach der ersten dienen Teile der Faseroberfläche als Kristallisationskeim, der Kristall bezieht also die äußerste Schicht der Faseroberfläche mit ein. Nach der zweiten erfolgt die Kristallbildung beim Herauswandern der cyclischen Trimere so, daß der Kristall quasi mit einem Stiel in eine Faserpore hineinreicht, Faser und cyclisches Trimere sind also miteinander verwachsen. Das cyclische Trimere soll nach GOODMAN und NESBITT [7] einen starren Ring bilden, in dem die Äthylenbrücken in gauche-Konformation vorliegen. Die Kettenmoleküle in der Faser dagegen weisen i.a. bevorzugt trans-Konformation auf. Die Faseroberfläche ist deshalb vielleicht als Kristallkeim, kaum aber als Kristallgrundlage für ein epitaktisches Aufwachsen geeignet. Aus dem gleichen Grund erfolgt bei der Kristallisation der Faser auch kein Einbau des cyclischen Trimeren in das Kristallgitter des Polymeren. Das cyclische Trimere reichert sich im Gegenteil in den amorphen Bereichen an [39]. Diese Argumente machen die zweite These wahrscheinlicher, zumal die außerordentlich große Haftfestigkeit der Oberflächenkristalle sogar im gequollenen Zustand der Fasern erhalten bleibt.

5. Diskussion

5.1 Analytik

Bei der Analytik von Oligoestern bei PES-Fasern muß man zwischen Gesamt- und Oberflächengehalt unterscheiden. Weiterhin muß man differenzieren zwischen Bestimmungsmethoden, die auf alle Oligomere ansprechen und solchen, die nur das cyclische Trimere erfassen. Da die summarischen Methoden störanfälliger gegen Textilhilfsmittel wie Avivagen, Carrier u.a. sind und sich die Oligomerenzusammensetzung ändern kann, sind die selektiven Methoden vorteilhafter.

Die Anwendung der Analytik auf Färbebadablagerungen, Abriebe und Ablagerungen auf Geweben zeigt, daß Oligomere nicht in allen Fällen die Ursache sind, daß aber fast ausschließlich das cyclische Trimere zu Störungen führt. Dies deckt sich mit Angaben in der Literatur [19-22]. Andere Oligomere treten, wenn überhaupt, nur in erheblich geringeren Mengen auf. Dieser praktische Gesichtspunkt rechtfertigt die alleinige Bestimmung des cyclischen Trimeren bei den selektiven Analysenmethoden (DC und HPLC), obwohl das cyclische Trimere nur 66 % des Dioxan-Extraktes und nur ca. 42 % der Gesamtoligomere nach BOGATZKI und NITTKA [5] ausmacht.

Die Dünnschichtchromatographie ist insbesondere zur qualitativen Analyse geeignet, da sie schnell einen Überblick über alle UV-aktiven Verbindungen im Analysengemisch erlaubt. Sie kann damit zur Kontrolle bei UV-spektroskopischen Messungen ohne weitere Trennung dienen. Bei Auswertung der DC-Chromatogramme mittels Chromatogrammspektralphotometer läßt sie sich nach KUSCH [41,42] auch zur quantitativen Analyse heranziehen.

Zur Bestimmung des Oberflächengehaltes ist die Kaltextraktion mit Dioxan notwendig, die HPLC und DC dienen nur zur chromatographischen Abtrennung des cyclischen Trimeren. Da sich in vielen Fällen auf der Oberfläche nur das cyclische Trimere befindet, kann die Auswertung oft auch direkt UV-spektroskopisch erfolgen. Die Bestimmung des Oberflächengehaltes ist wichtig, da allein dieser zu Störungen bei der Weiterverarbeitung führt.

Die Gesamtoligomerenbestimmung durch Dioxan-Extraktion führt bei genügender Dauer zu Extraktgrenzwerten. Diese enthalten fast das gesamte cyclische Trimere, daneben aber auch andere Oligomere und Begleitstoffe. Da die Extraktion zudem durch die Faserstruktur beeinflußt wird, ist die Säulenchromatographie unter Druck zur Bestimmung des Gesamtgehalts an cyclischem Trimeren vorzuziehen.

Die Säulenchromatographie unter Druck ist die schnellste der selektiven analytischen Methoden, da Abtrennung und Bestimmung des cyclischen Trimeren in einem Arbeitsgang erfolgen. Außerdem liegt der Variationskoeffizient von 3 % günstiger als bei anderen analytischen Methoden. Besonders einfach gestaltet sich die Bestimmung des Gesamtgehalts der Faser an cyclischem Trimeren, da die Sorption des Polymeren am Gel keinen besonderen Arbeitsgang erfordert. So stellt die Säulenchromatographie unter Druck die beste Methode zur Analytik des cyclischen Trimeren dar.

5.2 Das Verhalten der Polyesteroligomere unter Färbebedingungen

Der Austritt der Oligomere aus der Polyesterfaser bei Färbebehandlungen wird durch die Erhöhung der Temperatur, der Flottenumwälzung und der Carrierkonzentration verstärkt. Es besteht somit eine Parallelität zwischen Oligomerenaustritt und Färbegeschwindigkeit. Dies einem Dispersionsfarbstoff analoge Verhalten des cyclischen Trimeren ließ sich durch weitere Versuche zum Austritt der Oligomere, zur Redeposition und zum Aufziehen des cyclischen Trimeren auf eine extrahierte Faser bestätigen. Der Oligomerenaustritt entspricht damit der Färbung mit einem Dispersionsfarbstoff, nur daß der Prozeß in umgekehrter Richtung abläuft, d.h. aus der Faser in die Flotte. Treibende Kraft ist die Differenz zwischen der herstellungsbedingten Konzentration in der Faser und derjenigen, die dem "Färbegleichgewicht" entspricht.

Die Oligomere, die in der Faser gelöst oder mikrokristallin [54] vorliegen, treten unter Färbebedingungen als übersättigte Lösung aus der Faser aus. Dieses Herauswandern und die Abscheidung der Oligomeren auf der Faseroberfläche wird durch die Dicke der Grenzschicht zwischen Faser und Flotte beeinflußt. Bei niedrigen Differenzgeschwindigkeiten zwischen Faser und Flotte ist die unbewegte Grenzschicht relativ groß und somit ist der Konzentrationsgradient der Oligomeren nahe der Faser gering. Dies führt nach den Fick'schen Diffusionsgesetzen zu einem geringen Oligomerenaustritt, wobei das aus der Faser austretende cyclische Trimere fast vollständig auf der Faser auskristallisiert. Bei hohen Flottengeschwindigkeiten verringert sich die Dicke der Grenzschicht zwischen Faser und Flotte. Dies ermöglicht eine verstärkte Diffusion des cyclischen Trimeren in die Flotte. Der höhere Konzentrationsgradient führt aber zugleich zu einem erhöhten Oligomerenaustritt, so daß trotzdem ein höherer Oberflächengehalt als im ersten Fall resultiert.

Es hat sich nun gezeigt, daß der Oberflächengehalt auf das direkt auskristallisierte cyclische Trimere zurückzuführen ist. Der in der Literatur empfohlene Zusatz von Dispergiermitteln zur Flotte greift nicht in den Abscheidungsprozeß ein, er erweist sich als unwirksam. Dies gilt auch für das Heißablassen der Flotte, zumal unter Färbebedingungen nur ein vernachlässigbar kleiner Anteil des cyclischen Trimeren in der Flotte gelöst ist.

Extrem hohe Oberflächengehalte durch Abfiltration von cyclischem Trimeren konnten wir bei Färbeversuchen auf dem Praxitest erreichen. Ein Entfernen des abfiltrierten Anteils durch Spülen mit Wasser im Apparat gelang nicht. Es zeigte sich aber, daß die abfiltrierten cyclischen Trimeren durch ein kurzes Kaltspülen mit Methanol außerhalb des Färbeapparates oder durch eine reduktive Nachreinigung leicht entfernt werden können. Sie besitzen also eine geringere Haftfestigkeit. Durch eine Nachbehandlung unter Zusatz von Dispergiermitteln kann darüber hinaus ein geringer Teil der festsitzenden Oligomere entfernt werden. Sie ist deshalb bei Störungen durch Oligomere zu empfehlen, sie kann die Probleme aber nicht ganz beseitigen.

Was für Folgerungen ergeben sich nun aus den vorliegenden Ergebnissen? Zunächst läßt sich feststellen, daß der Oligomerenaustritt nicht verhindert werden kann. Alle Faktoren, die zu einer hohen Färbegeschwindigkeit führen, begünstigen auch den Oligomerenaustritt. Ansatzmöglichkeiten zu einer Verbesserung des Oligomerenproblems bietet jedoch der Abscheidungsmechanismus. Dieser führt zu Kristallen von cyclischem Trimeren, das entweder fest auf der Oberfläche haftet oder in der Flotte suspendiert wird und sich im Färbeapparat oder auf der Faser niederschlägt. Durch Auswahl der Färbebedingungen und eventuell auch der Faservorbehandlung läßt sich möglicherweise der Abscheidungsvorgang so steuern, daß entweder nur lose oder fest haftende cyclische Trimerenkristalle entstehen. Dies ist dann sinnvoll, wenn eine der beiden möglichen Abscheidungsformen nicht oder nur vermindert zu Oligomerenstörungen führt. Darüber liegen jedoch bisher keine Untersuchungen in der Literatur vor. Hier liegt demnach ein Aufgabengebiet für weitere Forschung. Als eine erste Hilfe auf diesem zukünftigen Weg mögen die in dieser Arbeit vorgelegten Ergebnisse dienen.

6. Experimenteller Teil

6.1 Eingesetzte Materialien

6.1.1 Polyester

Filamentgarn: Trevira 100/50/800 Z Drall glzd.
Gewebe: ECE-Polyester-Dacron 54, Qual. 754
(Quadratmetergewicht 127 g)

Für analytische Untersuchungen wurde das Polyestermaterial sechs Stunden im Soxhlet mit Petroläther (Sdp.: 40-60 ^{o}C) extrahiert und anschließend an der Luft getrocknet.

Die als "oligomerenfrei" bezeichnete Faser wurde 24 Stunden mit Dioxan im Soxhlet extrahiert und dann an der Luft getrocknet.

6.1.2 Oligomere

Das eingesetzte cyclische Trimere wurde aus Faserextrakten und Ablagerungen in Färbeapparaten durch Umkristallisieren aus Dimethylformamid (grobkristallin) bzw. aus Dioxan/Wasser (feinkristallin) gewonnen.

Die linearen Oligomere für die DC wurden uns freundlicherweise vom Deutschen Wollforschungsinstitut, Aachen, zur Verfügung gestellt.

6.2 UV-spektroskopische Untersuchungen

Die UV-spektroskopischen Messungen wurden mit dem Spektralphotometer PMQ II der Firma Carl Zeiss, Oberkochen, bei einer Wellenlänge von 240 nm und einer Schichtdicke von 1 cm durchgeführt. Als Lösungsmittel für das cyclische Trimere wurde Dioxan-Uvasol (Firma Merck, Darmstadt) verwendet.

6.3 Dünnschichtchromatographie

Für die dünnschichtchromatographische Untersuchung wurden DC-Fertigplatten, Kieselgel HF_{254} (Fa. Merck, Darmstadt) mit einer Schichtdicke von 0,25 mm verwendet. Die Entwicklung der Chromatogramme dauerte bei aufsteigendem Lösungsmittel und Kammersättigung 40 - 60 min. Die Sichtbarmachung der Oligomere erfolgte durch Fluoreszenzlöschung unter UV-Licht (254 nm).

Laufmittel:

cyclische Oligomere: Benzol/Dioxan 100:10
Chloroform/Diäthyläther 100:5

lineare Oligomere: Tetrahydrofuran/Ammoniaklösung (3n) 50:10
Chloroform/Äthanol 90:10

6.4 Bestimmung des Gesamtgehalts

6.4.1 UV-spektroskopisch

500 mg Polyesterfasern wurden mit 50 ml Dioxan-Uvasol 24 Stunden (ca. 15 Umläufe/Stunde) im Soxhlet extrahiert. Der Extrakt wurde nach dem Abkühlen auf 50 ml mit Dioxan-Uvasol aufgefüllt. Zur UV-spektroskopischen Messung wurden hiervon 200 µl nochmals mit Dioxan-Uvasol auf 5 ml verdünnt. Die Vergleichslösung enthielt eine gleiche Menge von 24 Stunden am Rückfluß erhitztem Dioxan-Uvasol.

6.4.2 Bestimmung durch Säulenchromatographie unter Druck

200 mg Polyesterfasern wurden in 1 ml Trifluoressigsäure/Chloroform (1:1) gelöst, dann wurde mit Chloroform auf 10 ml aufgefüllt. Von dieser Lösung wurden jeweils 10 µl zur Gehaltsbestimmung an cyclischem Trimeren auf die Säule gegeben.

6.5 Bestimmung des Oberflächengehalts

6.5.1 UV-spektroskopisch

500 mg Polyesterfasern wurden mit 20 ml Dioxan-Uvasol 2 min im Schüttelgerät der Fa. Kottermann bei Zimmertemperatur geschüttelt. Nach Filtration wurde die Lösung entweder unverdünnt oder nach entsprechender Verdünnung mit Dioxan-Uvasol am Spektralphotometer gemessen. Als Vergleich diente Dioxan-Uvasol.

6.5.2 Säulenchromatographische Bestimmung unter Druck

Wie unter 6.5.1 wurden 500 mg Fasern mit 20 ml Dioxan-Uvasol behandelt. 10 ml des Filtrats wurden zur Trockene eingeengt und in 5 bzw. 10 ml Chloroform aufgenommen. Von dieser Lösung wurden jeweils 10 µl zur Gehaltsbestimmung an cyclischem Trimeren auf die Trennsäule gegeben.

6.6 Säulenchromatographie unter Druck (HPLC)

Am Anfang wurden für die Säulenchromatographie verschiedene Elutionsmittel, Adsorbentien und Säulen eingesetzt. Die Säulendimensionen waren: Länge 200 - 500 mm und Innendurchmesser 3 - 5 mm. Als Adsorbentien kamen Kieselgel $\leq$ 0,08 mm bzw. Merckogel SI 150 (75 - 125 µm) zur Anwendung und als Elutionsmittel wurden Chloroform/Äther (100:5 bzw. 100:10) und Chloroform/Dioxan (100:2 bzw. 100:3) eingesetzt. Nach Optimierung des Verfahrens wurden folgende Bedingungen gewählt:

Säule:	600 mm Stahlsäule; 2,1 mm Innendurchmesser
Adsorbens:	Merckosorb SI 60 (40 µm)
Elutionsmittel:	Chloroform (äthanolfrei)/Äthanol 100:0,7
Elutionsgeschwindigkeit:	50 ml/Stunde

Detektor:	LKB-Uvicord II bei 254 nm
Temperatur:	Zimmertemperatur
Einspritzmenge:	10 µl
Analysendauer:	7 min

Als Eichlösungen wurden Lösungen vom cyclischen Trimeren in Chloroform (Oberflächengehalt) bzw. in Trifluoressigsäure/ Chloroform 1:19 (Gesamtgehalt) verwendet. Die Auswertung erfolgte über die Peakhöhe.

6.7 Analytik der Faserabriebe

6.7.1 Gravimetrische Bestimmung

100 mg einer homogenisierten Probe wurden mit 50 ml n-Hexan 5 min gekocht. Nach dem Abkühlen wurde die Lösung durch eine G 4 Fritte abgenutscht und der Rückstand zweimal mit je 5 ml n-Hexan ausgewaschen. Der Rückstand wurde mit 100 ml Chloroform 10 min gekocht. Nach dem Abkühlen wurde die Lösung durch eine G 4 Fritte abgenutscht.
Das Filtrat wurde zur Trockene eingeengt und in 100 ml Methanol aufgenommen. Nach dem Abnutschen der Lösung durch eine G 4 Fritte wurde der Rückstand getrocknet und gewogen.
Auswertung: Oligomerenanteil = Rückstand der letzten Behandlung.

6.7.2 Bestimmung durch HPLC

5 mg Abrieb wurden in 10 ml Chloroform aufgenommen und nach dem Filtrieren der Gehalt an cyclischem Trimeren im Filtrat säulenchromatographisch bestimmt.

6.8 Färbeapparate

Es wurden folgende Färbeapparate eingesetzt:

a) Ahiba-Laborfärbegerät
b) Linitest-Färbegerät (Fa. Original Hanau)
c) Praxitest 100-Laborfärbegerät (Fa. Original Hanau)
d) Labor HT-Färbeapparat (Fa. Scholl)

6.9 Färbebedingungen

6.9.1 Färbungen auf dem Ahiba- bzw. Linitest-Färbegerät

Probenaufmachung:	Strängchen auf Probenträgern
Flotte:	FV: 1:60; dest. Wasser pH = 4,5 - 5
Zusätze:	je nach Versuchsbedingungen

Es wurde bei 60 °C mit der Ware eingegangen, 5 min bei 60 °C gelassen, innerhalb 30 min auf die gewünschte Färbetemperatur aufgeheizt und 90 min bei der Temperatur gefärbt.

Abkühlbedingungen:

a) In den meisten Fällen wurde der Färbebecher nach dem Färben außerhalb des Färbegeräts mit kaltem Wasser bis auf 40 - 50 °C abgekühlt.

b) Beim Heißablassen wurde der Färbebecher bei der Färbetemperatur umgedreht, damit das Material sich nicht mehr in der Flotte befand. Dann wurde mit kaltem Wasser abgekühlt.

c) Die Temperatur im Färbegerät wurde innerhalb 10 min auf 80 °C abgekühlt. Diese Behandlung diente zum Vergleich mit b).

6.9.2 Färbungen auf dem Praxitest bzw. HT-Laborfärbeapparat

Probenaufmachung:	Als Strang oder Wickelkörper
Flotte:	FV: 1:40 - 1:120; dest. Wasser pH = 4,5 - 5
Zusätze:	je nach Versuchsbedingungen

Es wurde bei 60 °C mit der Ware eingegangen, mit 1 °C/min auf die gewünschte Färbetemperatur aufgeheizt und 90 min gefärbt. Anschließend wurde die Flotte innerhalb von 10 min auf 80 °C abgekühlt und abgelassen.

6.9.3 Nachbehandlung

Nach dem Färben auf dem Ahiba- bzw. Linitest-Färbegerät wurde die Ware zweimal bei 60 °C und zweimal kalt mit dest. Wasser im Becherglas gespült. Bei Färbungen auf dem Praxitest- bzw. HT-Laborfärbeapparat erfolgte das Spülen im Gerät. Bei unter Zusatz von cyclischem Trimeren durchgeführten Färbungen wurde das Material zusätzlich ca. 20 s mit kaltem Methanol im Becherglas behandelt.

6.9.4 Einstellung der Flottengeschwindigkeit auf dem Praxitest 100-Färbegerät

Der ohne Flottenzirkulation gemessene Pumpendruck betrug 2,9 kp/cm^2. Bei der kleinsten einstellbaren Flottenzirkulation betrug der Pumpendruck 2,5 kp/cm^2, bei der mittleren 2,2 kp/cm^2 und bei voller Flottenzirkulation 1,0 kp/cm^2. Die Einstellung erfolgte bei einer Flottentemperatur von 70 °C.

6.10 Reduktive Nachreinigung

Die reduktive Nachreinigung erfolgte unter Zusatz von

1,5 g/l Hilfsmittel,
6 ml/l Natronlauge 32 %ig und
2 g/l Hydrosulfit.

Sie dauerte 20 min bei 70 °C. Anschließend wurde dreimal bei 60 °C und dreimal kalt mit dest. Wasser gespült.

6.11 Bestimmung der Löslichkeit von cyclischem Trimeren in Wasser über 100 °C

Das zur Löslichkeitsbestimmung verwendete Gefäß bestand aus zwei Stahlfärbebechern, die miteinander über ein Zwischenstück mit einer G 2-Fritte druckfest verbunden wurden. Der eine Färbebecher enthielt 10 mg grobkristallines cyclisches Trimeres und 50 ml destilliertes Wasser. Das Gefäß wurde verschlossen und drei Stunden im Trockenschrank bei Temperaturen von 100 - 150 °C aufbewahrt. Anschließend wurde das Gefäß umgedreht und der zweite Färbebecher gekühlt. Dabei wurde die Lösung des cyclischen Trimeren unter dem eigenen Druck filtriert. Anschließend wurde das Filtrat zur Trockene eingeengt und der Rückstand in 5 ml Dioxan-Uvasol aufgenommen. Der zweite Färbebecher wurde zweimal mit je drei Millilitern Dioxan-Uvasol ausgespült. In den Lösungen wurde anschließend der Gehalt an cyclischem Trimeren UV-spektroskopisch bestimmt.

7. Literatur

[1] H. Zahn und G.B. Gleitsmann,
Angew. Chem. 75 (1963) 772

[2] H. Zahn und P. Kusch,
Z. ges. Textilind. 69 (1967) 880

[3] G. Heidemann,
Encycl. Polymer Sci. and Technol. 9 (1968) 485-506

[4] M. Rieber,
Vortrag auf dem Hoechst-Symposium mit Dozenten der Fachhochschule für das Textilwesen, Hoechst am 17.11.1972

[5] B. Bogatzki und B. Nittka,
Faserforsch. u. Textiltechn. 25 (1974) 120

[6] S.D. Ross, E.R. Coburn, W.A. Leach und W.B. Robinson,
J. Polymer Sci. 13 (1954) 406

[7] J. Goodman und B.F. Nesbitt,
Polymer 1 (1960) 384; J. Polymer Sci. 48 (1960) 423

[8] L.H. Peebles, M.W. Huffmann und C.T. Ablett,
J. Polymer Sci. A-1, 7 (1969) 479

[9] S. Hashimoto und J. Sakai,
Kobunshi Kagaku, Tokio, 23 (1966) 422

[10] G.L. Binns, J.S. Frost, E.S. Smith und E.C. Yeadon,
Polymer 7 (1966) 583

[11] H. Zahn und J.F. Repin,
Chem. Ber. 103 (1970) 3041

[12] R. Pénisson und H. Zahn,
Makromolekulare Chem. 133 (1970) 13

[13] H. Zahn, E. Meraskentis und G. Valk,
Makromolekulare Chem. 91 (1966) 281

[14] S. Dugal, H. Krüßmann und G. Stein,
Textil-Praxis 28 (1973) 345

[15] H. Zahn,
Z. ges. Textilind. 66 (1964) 928;
Bull. Inst. Textile France 17 (1963) 557

[16] H.T. Pratt,
Knitted Outerwear Times, Aug. 25 (1969) 67

[17] J.V. Dugar,
Amer. Dyestuff Reporter 60, 9 (1971) 38

[18] Z. Brodic,
Tekstil 21 (1972) 11

[19] G. Valk, E. Loers und P. Küppers,
Melliand Textilber. 51 (1970) 504

[20] P. Senner,
Chemiefasern/Z. ges. Textilind. 23/75 (1973) 344, 430

[21] H.-U. v.d. Eltz, E. Kloss und W. Kunze,
Melliand Textilber. 50 (1969) 956

[22] H.-U. v.d. Eltz und W. Kunze,
Textil-Praxis 30 (1975) 454

[23] A. Liddiard,
Ciba-Rdsch. 1974/1, 31

[24] R.L. Baker,
Amer. Dyestuff Reporter 63, 4 (1974) 34

[25] S. Buchholz, E. Schönpflug und A. Würz,
Färben und Ausrüsten von Polyesterfasern und Polyester-fasermischungen,
Firmenschrift der BASF, 1966

[26] M. Rieber,
Z. ges. Textilind. 69 (1967) 847

[27] S. Weigold,
Melliand Textilber. 49 (1968) 1053

[28] G. Guasti,
Tinctoria (1970) 293

[29] G. Valk, K.-H. Ruppert und R. Absenger,
Z. ges. Textilind. 71 (1969) 858

[30] K.F. Peterson,
Amer. Dyestuff Reporter 61, 9 (1972) 44

[31] J. Krehnke,
Z. ges. Textilind. 73 (1971) 159

[32] J.K. Skelly,
J. Soc. Dyers Colourists 89 (1973) 349

[33] P. Kusch in:
Niederschrift über die 5. Sitzung des Ausschusses "Prüfmethoden für Synthesefasern" vom 28.4.72 in Baden-Baden

[34] W. Sprenkmann,
Lenzinger Ber. 34 (1972) 156

[35] J. Vernazza,
Melliand Textilber. 55 (1974) 141

[36] M. Mlynarczyk und M. Janke,
Przegl. Wok. 26 (1972) 102 in: C.A. 77 (1972) 36113 t

[37] P. Kusch,
Textilveredlung 9 (1974) 597

[38] G. Reinert, J. P. Luttringer und K.H. Keller,
Melliand Textilber. 56 (1975) 392

[39] K. Bredereck, H. Dolmetsch, E. Koch und R. Schoner,
Melliand Textilber. 56 (1975) 50

[40] H. Jedraszczyk, T. Zyzniewski und Z. Kubacki,
Dtsch. Textiltechn. 21 (1971) 233

[41] P. Kusch, Textil-Praxis 28 (1973) 96

[42] P. Kusch und G. Böhm,
Textil-Praxis 27 (1972) 485

[43] G. Heidemann, P. Kusch und H.J. Nettelbeck,
Z. anal. Chem. 212 (1965) 401

[44] Th. Pyl und K. Wuntke,
Plaste u. Kautschuk 15 (1968) 274

[45] V.A. Dorman-Smith,
J. Chromatogr. 29 (1967) 265

[46] W. Berger und E. Tuček,
Faserforsch. und Textiltechn. 25 (1974) 289

[47] E. Ito und S. Okajima,
Polymer 12 (1971) 650

[48] W. Kunze,
Textil-Praxis 24 (1969) 464

[49] S. Dugal, K. Jansen und G. Stein,
Melliand Textilber. 54 (1973) 863

[50] M. Rieber,
Diskussion zu [19]

[51] Textilforschung Krefeld,
Melliand Textilber. 53 (1973) 1053

[52] H.-J. Berndt und E. Loers,
Melliand Textilber. 54 (1973) 676

[53] G. Weckler,
Textil-Praxis 28 (1973) 393, 457

[54] P. Kassenbeck,
Diskussionsbemerkung zu einem Vortrag von P. KUSCH, gehalten am 10.1.75 in Karlsruhe am Institut für angewandte Mikroskopie, Photographie und Kinematographie

[55] D. Patterson und R.P. Sheldon,
J. Soc. Dyers Colourists 76 (1960) 178

[56] J.K. Skelly,
Textilveredlung 8 (1973) 102

[57] R. Weingarten,
Textil-Praxis 28 (1973) 231, 340, 397

8. Liste der Bildunterschriften und Abbildungen

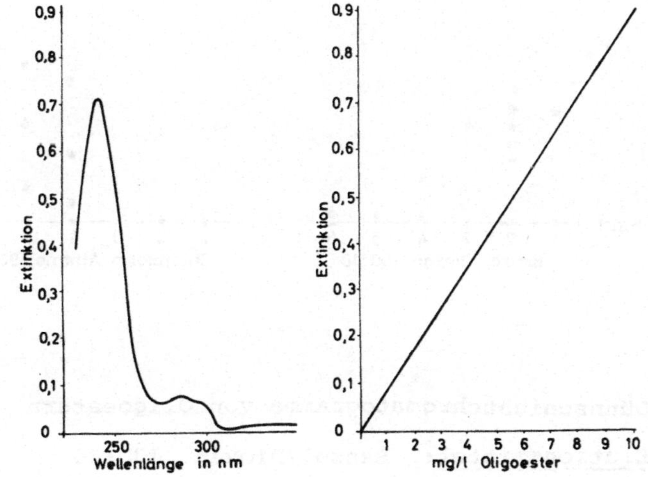

Abb. 1: UV-Absorptionsspektrum und Eichkurve von Polyesteroligomeren am Beispiel des cyclischen Trimeren. Lösungsmittel: Dioxan

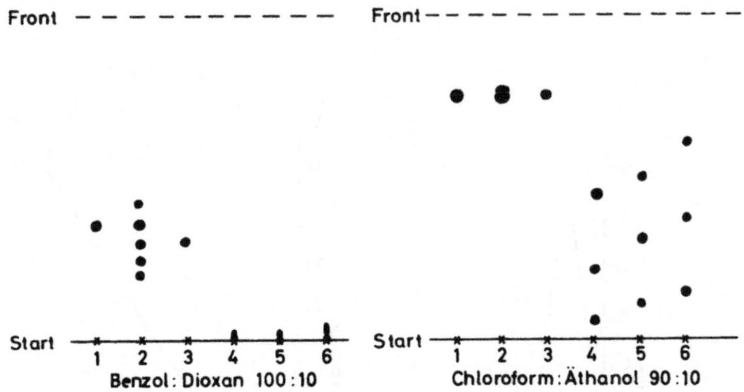

Abb. 2: Dünnschichtchromatogramme von Oligoestern

Elutionsmittel: Benzol/Dioxan 100:10
Chloroform/Äthanol 90:10

Aufgetragene Substanzen:
(Nomenklatur nach [1])

1) cyclisches Trimeres $c[G-T]_3$

2) Gemisch aus cyclischen Oligoestern $c[G-T]_n$ $n = 2 - 6$

3) cyclisches Tetrameres $c[G-T]_4$

4) Gemisch aus monomeren linearen Oligoestern H[G-T]OH ; HO-T[G-T]OH ; H[G-T]-G-H

5) Gemisch aus dimeren linearen Oligoestern $H[G-T]_2OH$; $HO-T[G-T]_2OH$; $H[G-T]_2-G-H$

6) Gemisch aus trimeren linearen Oligoestern $H[G-T]_3OH$; $HO-T[G-T]_3OH$; $H[G-T]_3-G-H$

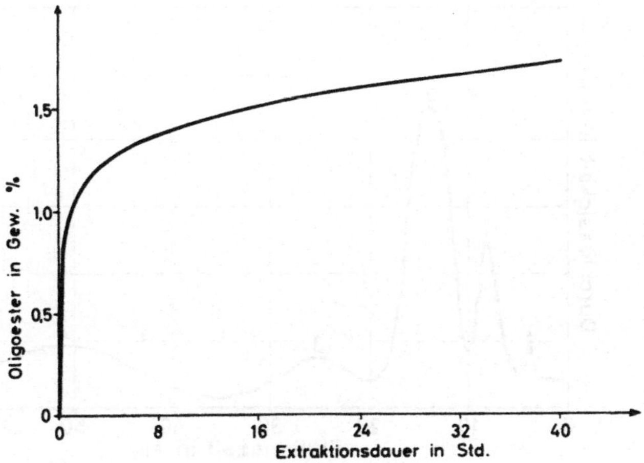

Abb. 3: Zeitabhängigkeit der Extraktion von Oligomeren aus Polyesterfasern. Extraktionsmittel: Dioxan

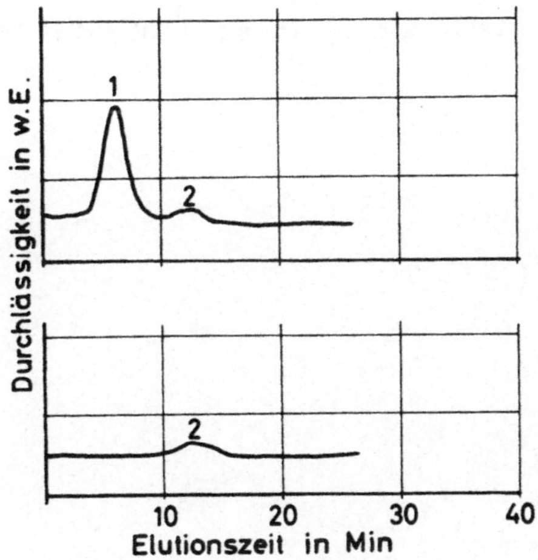

Abb. 4: HPLC-Untersuchung einer Dioxan-Extraktion von PES

a) Fraktogramm eines Dioxan-Extraktes von PES

b) Fraktogramm der extrahierten PES-Faser

1 = $c[GT]_3$ 2 = $c[GT]_4$

Säule: 200/5 mm, Merck Kieselgel $\leq$ 0,08 mm

Laufmittel: $CHCl_3$/Äther (100/5); 70 ml/h

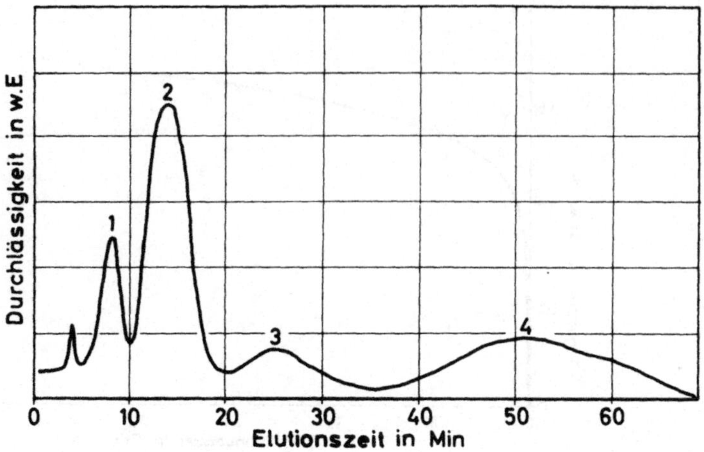

<u>Abb. 5</u>: HPLC-Trennung eines Gemisches von cyclischen Oligomeren

1 = c[GT]$_3$ 2 = c[GT]$_4$ 3 = c[GT]$_5$ 4 = c[GT]$_6$

Säule: 500/3 mm, Merckogel SI 150

Laufmittel: $CHCl_3$/Äther (100/5); 110 ml/h

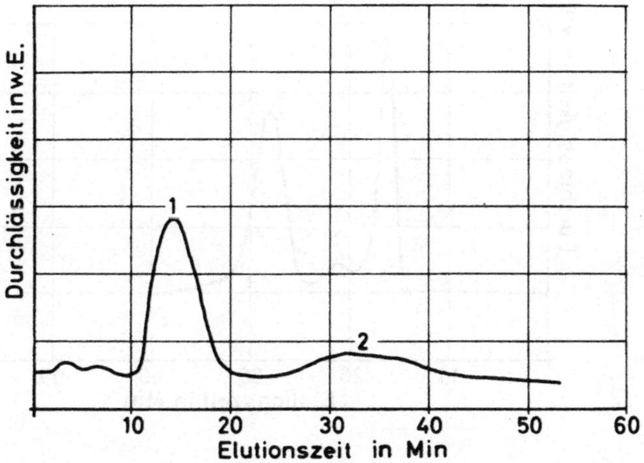

Abb. 6: HPLC-Untersuchung einer PES-Lösung in Trifluoressigsäure/Chloroform (1:20)

1 = c[GT]$_3$ 2 = c[GT]$_4$

Säule: 500/5 mm, Merck Kieselgel 0,08 mm

Laufmittel: $CHCl_3$/Äther (100/5); 90 ml/h

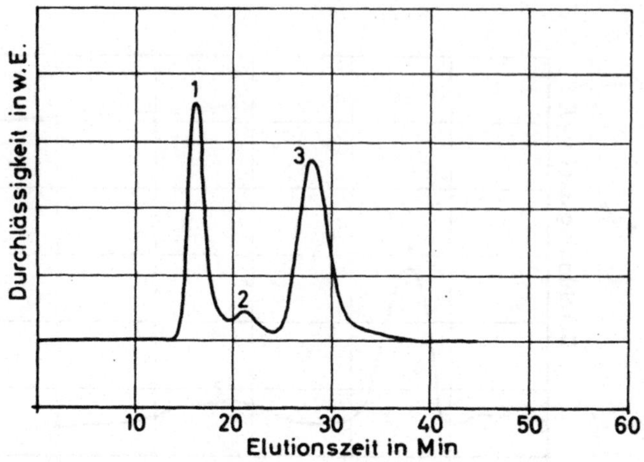

Abb. 7: HPLC-Trennung von Carrier und cyclischem Trimeren
3 = $c[GT]_3$ 2 = Palanilcarrier PE 1 = Levegal PT
Säule: 1000/5 mm, Merck Kieselgel ≙ 0,08 mm
Laufmittel: $CHCl_3$/Dioxan (100/2,5); 50 ml/h

Abb. 8: Oligomerenaustritt bei hydrothermischer Behandlung von Polyesterfasern. Temperatur: 140 °C

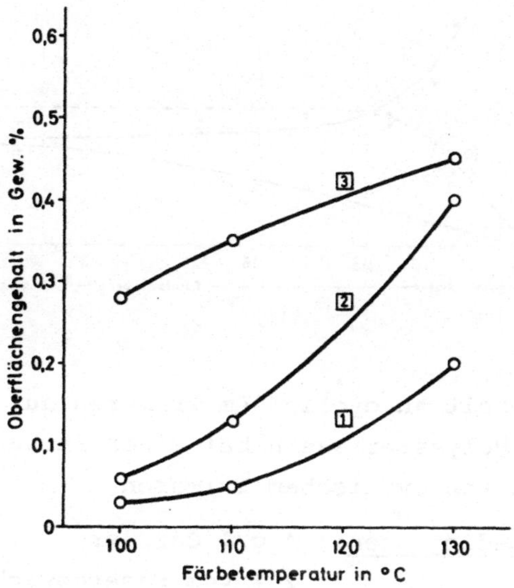

Abb. 9: Der Oberflächengehalt an cyclischem Trimeren in Abhängigkeit von den Färbebedingungen

1 ohne Carrierzusatz

2 mit 1 g/l Carrier

3 mit 4 g/l Carrier

Färbezeit jeweils 90 min

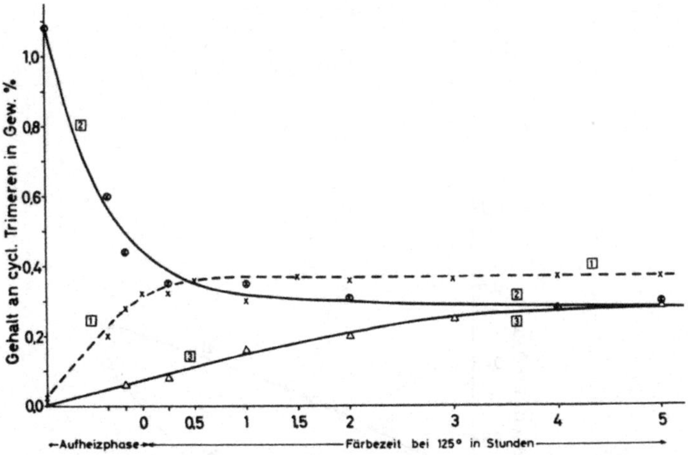

Abb. 10: Der Gehalt an cyclischem Trimeren auf und in einer Polyesterfasern bei einer Färbung unter Zusatz von cyclischem Trimeren

Färbebedingungen: 4 g/l Carrier
2 % vom Fasergewicht an cyclischem Trimeren

1 Oberflächengehalt an cyclischem Trimeren (normale PES-Faser)

2 Gehalt an cyclischem Trimeren in der Faser (normale PES-Faser)

3 Gehalt an cyclischem Trimeren in der Faser (oligomerenfreie PES-Faser)

FORSCHUNGSBERICHTE
des Landes Nordrhein-Westfalen

Herausgegeben
im Auftrage des Ministerpräsidenten Heinz Kühn
vom Minister für Wissenschaft und Forschung Johannes Rau

Die Forschungsberichte des Landes Nordrhein-Westfalen sind in zwölf Fachgruppen gegliedert:

Wirtschafts- und Sozialwissenschaften
Verkehr
Energie
Medizin/Biologie
Physik/Mathematik
Chemie
Elektrotechnik/Optik
Maschinenbau/Verfahrenstechnik
Hüttenwesen/Werkstoffkunde
Bau/Steine/Erden
Bergbau
Textilforschung

[illegible]

WESTDEUTSCHER VERLAG
5090 Leverkusen 3 · Postfach 300620

GPSR Compliance

The European Union's (EU) General Product Safety Regulation (GPSR) is a set of rules that requires consumer products to be safe and our obligations to ensure this.

If you have any concerns about our products, you can contact us on ProductSafety@springernature.com

In case Publisher is established outside the EU, the EU authorized representative is:

Springer Nature Customer Service Center GmbH
Europaplatz 3
69115 Heidelberg, Germany

Batch number: 10613743

Printed by Printforce, the Netherlands